动动手 动动脑

超级有趣的课外实验

刘平元 改编

上海科学普及出版社

图书在版编目（CIP）数据

超级有趣的课外实验 / 刘平元改编. -- 上海：上海科普及出版社，2019
（动动手动动脑）
ISBN 978-7-5427-7470-5

Ⅰ．①超… Ⅱ．①刘… Ⅲ．①科学实验－青少年读物 Ⅳ．① N33-49

中国版本图书馆 CIP 数据核字（2019）第 044124 号

责任编辑　吴隆庆

动动手动动脑
超级有趣的课外实验
刘平元　改编
上海科学普及出版社出版发行
（上海市中山北路 832 号　邮政编码 200070）
http://www.pspsh.com

各地新华书店经销　北京兰星球彩色印刷有限公司印刷
开本 787mm×1092mm　1/16　印张 13　字数 180 千字
2019 年 4 月第 1 版　2019 年 4 月第 1 次印刷

ISBN 978-7-5427-7470-5　　　定价 29.50 元
本书如有缺页、错装或坏损等质量问题
请向出版社联系调换

前 言

有些青少年朋友在学习物理、化学、生物（小学则为自然）等课程时总是提不起兴趣。这是为什么呢？究其原因，有以下两点：

第一，学习方法不对，挫伤了学习的积极性。很多青少年朋友将学习等同于读书，认为只要把书读透了，成绩就上来了。所谓"书读百遍，其义自见"。这句名言看起来非常有道理。不过，这"书读百遍"的"书"是不是指每一种书呢？

语文、英语、历史等人文学科在书读百遍之后，自然会形成良好的语感，牢记书中的内容，甚至能够活学活用。但物理、化学、生物等自然科学则不适用这种方法。如果用书读百遍的方法来学习自然科学，恐怕只会吃力不讨好，会挫伤广大青少年朋友的学习积极性。自然科学是实验的科学，只有自己动手，才能真切体验其中的自然规律，进而引起思考，牢固掌握书里书外的知识。

由此可见，学习并不是单纯的读书，动手动脑也是一种学习。

第二，课内实验时间较少，广大青少年朋友没有办法自己动手做每一个实验。也许你看了我们总结的第一条理由会有些不以为然，你会说："我们也有实验课啊，我们的老师在课堂上也给我们演示了啊！"问题就会出在这里。由于课堂上的时间总是有限的，所以课内实验的机会也较少，广大青少年朋友无法自己动手体验每一个小实验带来的乐趣，所以对知识的掌握也就不会那么全面和牢固。而老师在课堂上的演示虽然可以引起大家的兴趣，但毕竟不是自己动手，其体验自然也不会那么深刻了。

说到这里，也许你会问："那么，我们怎样才能学好自然学科，培养自己动手、独立思考的能力呢?"其实答案很简单，那就是把课内无法实现的搬到课外来，并结合课外游戏的特点，把知识寓于娱乐之中。也就是在游戏中学习，在学习中游戏。

为此，我们组织编写了这本《超级有趣的课外实验》。本书收编了近200个课外小实验，其内容既包括物理中的热学、力学、光学和电学等知识，也包括化学和生物知识。本书收编的小实验，可操作性非常强，简单易行，所需要的工具和材料也是我们在日常生活中所能见到的。但是其中的知识却是深刻的。

希望广大青少年朋友在做了本书中集趣味性和知识性于一体的小实验后，能够体会到自然科学的魅力，养成自己动手、独立思考的好习惯。

目录 Contents

热学小实验

蒸发降温 1
膨胀的冰 2
连接冰块 2
切不开的冰 3
牛奶冰淇淋 3
热水向上升 4
水中火山 5
水滴跳舞 6
膨胀的瓶盖 7
气垫"力士" 7
简易温度计 8
干湿温度计 9
热导体 9
门边的蜡烛 10
烧不开的水 11
烟雾的行踪 11
防雾玻璃 12
黑体的本领 13

会走的杯子 13
铁圈下蛋 14
巧化糖块 14
手帕烫不坏 15
"烧"不死 16
铁丝伸长 17
金属片弯腰 17
奇怪的鸡蛋 18
奇怪的玻璃纸 18
混凝蜡 19
看见空气 20
辐射的热 21
热气球 22
拔水杯 23

力学小实验

气泡运动 24
"关"住水泡 25
水面绘画 25
"盒"爆炸 26

潜水人	27	报纸生电	49
液体的比重	28	静电除尘	50
铅笔比重计	28	奇妙的闪光	51
简单的虹吸器	29	变动为静	52
气球的重量	30	铁钉变磁铁	55
找重心	31	使磁性加强	55
针浮在水上	32	手指变多	56
喷泉的秘密	33	简易验电器	57
灌不满的漏斗	34	火柴"点"电灯	57
水柱顶球	34	旋转的铝片	59
竹筷提米	35	在液体中放电	59
自动转轮	36	巧认旋转的字	61
自动小船	37	水果发电	62
水流过手帕	38	十里停车场	63
螺旋和杠杆	38	头发丝的影子	64
摩擦力	39	针刺火柴	65
摆体与势能	40	奇怪的酒杯	65
砸不碎的酒杯	41	杯底硬币	66
吹不大的气球	42	弯曲光线	67
吹不掉的纸	43	有色的霜	68
"烟圈"炮	43	热咖啡	69
能量守恒	44	查颜观色	70
自由落体定律	45	针孔眼镜	71
降落伞	46	虚幻的倒影	72
直升机	46	黑球变银球	72
		射线照相	73
		立体观察器	74

光电小实验

静电喷泉	48

化学小实验

神奇的罐头盒	75
摩擦结"冰"	77
热盐	78
无火加温	79
浊水变清	80
烧不断的麻绳	81
用蜡烛制硫化氢	82
变色字画	83
不会流动的酒精	84
人造钟乳石	86
金属霜花	87
小火箭	88
烧不坏的手帕	89
小蛋变大蛋	90
能灭火的气体	92
制造二氧化碳	93
汽水里面的气体	94
燃烧的化学过程	94
蜡烛的化学性质	96
用氧来漂白	97
铁生锈	98
烛焰显字	99
食盐变肥皂	99
能点着的冰块	100
溶液变色	102
点火棒	103
砂糖发光	104
燃烧的糖	105
自制电木	106
加热落"霜"	107

植物小实验

种子的生命力	109
种子的萌发	110
幼芽弯曲了	111
不往下长的根	113
根毛怎样吸水	114
植物不能倒着长	117
植物的向光性	119
给向日葵授粉	120
花粉和柱头亲和力	120
茉莉花的繁殖	122
树叶沉浮的奥秘	123
叶片的蒸腾作用	124
绿叶造淀粉	125
淀粉粒的观察	126
让秋海棠叶长根	127
白花变红	128
以糖引水	128
细胞的作用	129
鉴定细胞的死活	130
观察植物导管	131
蒸腾拉力	132
水往高处流	133

叶绿体色素 …… 136
向南瓜借根 …… 138

动物小实验

蜜蜂的"鼻子" …… 140
拖着气泡呼吸 …… 142
蝗虫的呼吸系统 …… 143
蚂蚁认路 …… 145
蚂蚁突围 …… 147
萤火虫的秘密 …… 149
蛾子相会 …… 150
鸡也能辨认红绿灯 …… 152
鱼能辨别颜色 …… 155
让鲫鱼变金鱼 …… 156
鱼的呼吸 …… 157
变形的蟛蜞 …… 159
"生物圈" …… 161

综合小实验

水上浮字 …… 163
空气占有空间 …… 164
声音与振动 …… 164
奇妙的声音传播 …… 165
自制乐器 …… 166
自制电话 …… 167

巧用橡皮管 …… 167
肥皂炮仗 …… 168
复印图片 …… 170
水制密信 …… 170
大气压强的威力 …… 171
半球实验 …… 172
巧取硬币 …… 174
神奇的纽扣 …… 175
牛顿摇篮 …… 176
酒瓶吞鸡蛋 …… 177
人工造云 …… 178
红日和蓝天 …… 178
会预报天气的图画 …… 180
自制晴雨计 …… 181
卫生球"再生" …… 182
隐显墨水 …… 183
除去墨水痕迹 …… 184
自制酸奶 …… 185
自己做泡菜 …… 187
米饭变甜酒 …… 189
真菌的功过 …… 191
培养青霉菌 …… 194
寻找舌头的敏感部位 …… 195
测皮肤的敏感度 …… 196

热学小实验

蒸发降温

操作难度：★

试验方法：

找两个小碟子，第一个碟子里放一汤匙水，第二个碟子里放一汤匙酒精。看看哪种液体蒸发得快。

再做个试验，在左右两只手上分别抹上水和酒精，同时挥动双臂，你感到哪只手较凉快呢？

当挥动手臂时，两手都感到凉快，但抹酒精的手感到更凉快些。可见，酒精比水蒸发得快。

知识延伸：

水或酒精蒸发时会从皮肤上吸取热量，使皮肤表面温度下降，所以你会感到凉快。酒精比水蒸发得更快，在同一时间内吸收的热量更多，因而你就觉得更凉快些。

膨胀的冰

操作难度：★

试验方法：

水结冰时，它占据的体积（空间）比它在流动状态时要大一些。做一个简单的实验便能证明这一点。实验在寒冷的冬夜或者用冰箱来进行。

取一个带螺旋盖的空瓶，用水装得满满的，然后旋紧盖子。假如气温在零度以下，睡觉前将它放在门外无遮盖的地方。如果气温高，就只好装在纸盒内，一起放在冰箱中，但是要使瓶子立稳。

瓶中的水变成冰时，情况怎样呢？因为冰比水需要更多空间，而从密闭的瓶子中找不到出路，于是瓶子便会被撑破。

做另一个实验时，用一只塑料杯来代替空瓶子，水一直装到杯口处。将杯子放在冰箱内让水有充足的时间冻结为固体。你会看到冰面比杯口要高得多。

知识延伸：

冰的密度比水小，而同样质量的物质，密度小的，体积（所占空间）肯定要大一些了。

连接冰块

操作难度：★

试验方法：

把两块表面平整的冰叠合在一起，在上面盖一张塑料薄膜，再放上几块砖或其他重物，不一会儿，这两块冰就会牢牢地连接在一起。

如果在这两块接起来的冰下面，再放上一块表面平整的冰，压上更多的重物，再过一会儿，这块冰和上面两块冰又会牢牢地连接在一起。

知识延伸：

冰受压后溶点会下降，冰块合在一起受压后接触面会融化而出现薄薄一层水，但是这层水很快就会因降温而结冰，把冰块接合在一起。

切不开的冰

操作难度：★

实验方法：

在一根长约20厘米的细金属丝的两端，各缚一支铅笔。拿一块冰，放在一只瓶子或一块木头的顶上，然后用双手拿着铅笔，把金属丝放在冰的中间，再用力向下压，切割冰块。大约一分钟后，金属丝会全部通过冰块。但是冰块仍旧是完整的，好像没有被切割过一样。

知识延伸：

金属丝的压力使和它接触的那部分冰融化，这部分冰在融化过程中必然会从它周围的冰块中吸收热量。当金属丝通过后，由于周围的冰温度仍旧比较低，所以切割时化成的水又重新结成冰了。

牛奶冰淇淋

操作难度：★

试验方法：

用牛奶和糖做冰淇淋。把它们调和好以后，放入冰箱里冻1~2个小时。也许你以为会有一盆松软可口的冰淇淋，可是摆在面前的是既不像冰淇淋也不像冰棍的东西，表面是白生生的冰碴，下面的牛奶还没冻好，一点也不像从街上买来的冰淇淋。

尝一尝上面的冰碴，什么味道？是淡的。这正是我们实验要得到的结论。

知识延伸：

为什么上面的冰碴没有甜味呢？原来，水在结冰的时候，有排除"异己"的倾向。结冰的时候，水分子把糖和牛奶排挤出去了。真正的冰淇淋在生产过程中是不断搅拌的，如果你也不断搅拌，同样会做出可口的冰淇淋。当然，很低的温度也是一个条件。

你没去过南极，但是从这个实验中，你能想象出南极冰块的味道吗？

海水在结冰的时候，水里面的盐分也会被排挤，向温度高的地方移动。海水的温度高于冰山上的温度，所以在冻结时，冰中的盐分会向海水移动。地球的吸引力也是一个重要的因素，冰块里含的盐在重力的作用下会慢慢地向下移动。所以，南极的冰是淡的。

淡味冰不是一天形成的，而是经年累月，才能慢慢地把其中的盐排出去。一般一年的冰融成水后，就可以供人饮用，几年后的冰就几乎不含什么盐分了。

热水向上升

操作难度：★

试验方法：

在一只牛奶瓶中装冷水，用方形的硬纸板盖上。第二只牛奶瓶中装热水（先在热水中加些墨水）。两个瓶子的水都须装满。

小心地把装冷水的瓶子倒转过来，压住放在瓶口的硬纸板，当做一个简单的瓶塞，迅速将它放在装热水的瓶子上。

掌稳瓶子，从中抽出硬纸板，注意会出现什么情况。有颜色的热水将上升进入装冷水的瓶子中，而冷水则往下面的瓶里沉。

知识延伸：

有些楼上的住宅有热水供应，而加热水的热源又在楼下，热水是怎样上楼的，你感到奇怪吗？

原因是热水会向上升——这正是工程师们和管道工们所要利用的原理。

水中火山

操作难度：★★

试验方法：

找一个有软木塞的小玻璃瓶，在软木塞上钻两个小孔。取一根细直玻璃管，插入其中的一个小孔，使其下端几乎要碰到瓶底。另取一根带尖嘴的细玻璃管（可用拔掉橡皮球的滴管代替），插入软木塞的另一个小孔，保持尖嘴口竖直向上。将一根长约8厘米的细棉纱线穿过尖嘴口，伸入管内3厘米左右。用点燃的蜡烛的熔蜡将尖嘴口封闭。

往小瓶里倒入温度较高的热水，至接近瓶口止。再往热水中滴4~6滴红墨水，然后塞紧插有玻璃管的软木塞。另取一只大烧杯或大口玻璃瓶，灌注清洁的冷水，所灌水的液面高于小瓶及其所插的玻璃管。把小玻璃瓶小心地放入大烧杯中，然后轻轻地拉掉被熔蜡封在尖嘴口的细棉线，小瓶内红色的热水便从尖嘴口喷出，并向四周扩散，其情景犹如海底火山喷发，雄伟壮观，奇趣盎然。

知识延伸：

小瓶内热水的密度比烧杯中冷水的密度小，因此红色的热水便从尖嘴口喷出，而冷水则从细玻璃管不断地补充到瓶的下部，形成了可持续一段时间的火山喷发奇景。

水滴跳舞

操作难度：★

实验方法：

冬天守在炉子旁边烤火是一件十分惬意的事，炉子上的水壶吱吱地响着，一会儿水开了，水滴掉在灼热的炉盘上，便飞快地跳起舞来，水滴一面旋转着一面跳着，就像是有了生命一样。

这种有趣的现象只有在炉盘烧得很热，有些发红的时候才可能看到。如果炉盘是温热的，一滴水掉在上面就会迅速地蒸发干，消失得毫无踪迹。

为什么水滴在更热的炉盘上消失得比温热的炉盘上要慢呢？按说炉盘越热，蒸发得越快！

是不是实验做得有误？你可以反复地进行几次，把同一铁盘烧成不同的温度，滴上同样温度的水，你总会看到水滴在烧得很热的炉盘上舞蹈，有时会持续3~4分钟。

知识延伸：

科学家对这种现象也感到十分奇怪，他们用高速摄影机拍摄下水滴舞蹈时的各种姿态，最后发现了水滴跳舞的秘密。

原来，当水滴碰着灼热的铁板的时候，它的下部分立即汽化，于是在水滴和铁板之间形成了一层蒸汽层，使水滴不能直接挨着铁板，铁板的热是通过蒸汽传到水滴上，反倒慢了。通过蒸汽加热，使水滴全部变成水蒸气，要用3~4分钟的时间，在这个期间水滴得到水蒸气的保护，因此能在铁板上跳动，而掉在温热的铁板上的水滴，由于没有蒸汽的保护直接和热铁板接触，反倒蒸发得快，一会儿就消失了。

膨胀的瓶盖

操作难度：★

实验方法：

你曾见过妈妈在开启罐头盖时多么费劲吗？

金属是一种比玻璃好得多的热导体。因此，只要想办法加热金属盖，使它膨胀得大于瓶口，你就能够轻松打开瓶盖了。

加热金属盖很容易。将罐头瓶倒转头来放在碗里，再向碗里倒入一些热水就行了。

同样道理，如果你的乒乓球不小心被踩着了，凹进一块，又该怎么办呢？乒乓球的外壳是用赛璐珞制成的。那是一种易燃物，与空气相比，不易膨胀。

你只要将乒乓球放入热水中，用手按住，令凹面朝下，一会儿工夫，乒乓球便会完好如初。

知识延伸：

乒乓球内的空气受热膨胀，遇到外壳的阻挡，便拼命向外窜，横冲直撞，于是凹进去的一面首先被推了出来。

气垫"力士"

操作难度：★

实验方法：

找两只上口大、下底小的玻璃杯，叠放在一起。用手稍稍提起上面一只玻璃杯，对着两只杯子之间的缝隙吹气。这时候，上面一只玻璃杯会跃跃欲试跳出杯外，提着玻璃杯的那只手，必须用力握着才行。

如果将一枚曲别针放在两只玻璃杯之间,使它们中间留有缝隙,不用手提着,猛一吹气,上面一只玻璃杯"突"的一下,真会跳出下面的杯子!

知识延伸:

原来,当你对着两只玻璃杯之间的缝隙吹气时,气一下子放不出来,结果在玻璃杯之间形成一股压缩空气垫层,也就是气垫。持续吹气,气垫层加厚,就会把上面一只杯子给垫起来。如果不用手握着,最后势必被垫出杯外。

要是在晚会上表演,一定会吸引不少人。表演时注意,别让跳出的杯子摔在地上,粉身碎骨。

简易温度计

操作难度:★★

实验方法:

大多数温度计利用水银来显示温度。我们用水来做一个简单的温度计。在瓶中倒一杯水,并将瓶子放入盆中。在软木塞上钻一个孔,将玻璃管从中穿过。将软木塞紧紧盖住瓶口,玻璃管的一端应伸入瓶内水面以下。

接着,将热水淋到瓶子上。这样瓶中的水受热而在玻璃管中上升。

再向瓶子表面倾倒冷水,于是水便在你自制的温度计内往下降落。

知识延伸:

温度计之所以能测量温度,靠的是流体遇热时膨胀,遇冷时收缩的原理。我们的这个简易温度计利用的就是水遇热膨胀,遇冷收缩的特性。

干湿温度计

操作难度：★

实验方法：

拿两支温度计，用棉花球把其中一支的下端液泡包住，再用水或酒精把棉花球浸湿，过一会儿，你会看到裹湿棉花的温度计显示的温度比另一支低。

知识延伸：

液体会蒸发变成气体，温度降低说明蒸发时从周围吸收了热量，可见蒸发有致冷的作用。你在皮肤上擦一些酒精，会觉得特别凉，就是因为酒精蒸发时带走了那个地方的热量。

热导体

操作难度：★★

实验方法：

某些材料是优良的热导体，另一些材料是不良热导体。这样说的意思是，前者会很容易地吸收热，并且传导开去，而后者则抵抗热，还竭力将热源"禁闭"起来。

一支普通蜡烛上的火焰，可以用来做几个简单的实验，目的是看一看不同类型材料的相对导热能力。

首先，将一根玻棒的一端放在蜡烛火焰上烧。不管你在火焰上烧多久，你所握住的那一端不会受到另一端的热影响。这是因为玻璃是极端不良的热导体。

现在用木棒做同样的实验。火焰烧着的那一端会成为木炭，也许在蜡烛火焰上烧不到几秒钟就可能被烧光。而你握住的木棍的那一端仍然是凉的，其原因是木材也是一种不良的热导体。

最后，取一节铅丝，将它的一端放在蜡烛火焰上烧。不过，你须作好准备迅速丢掉这节铅丝，因为在瞬息之间，金属丝会把烛光火焰上的热传导过来烧灼你的手指头。

知识延伸：

通过实验证明，玻璃和木材是不良热导体，而金属却是优良的热导体。这时，或许你能回答下面这样一个问题了：为什么平底锅和水壶要带木手柄？

门边的蜡烛

操作难度：★

实验方法：

这里介绍一个简单的实验，目的是让你观察空气怎样对流。

将一间有暖气或生了火炉的房间的门打开十多厘米。在微开着的门的上方举起一支点燃的蜡烛。火焰的方向会表明，有一股气流正从房内流出来。

接着，将蜡烛拿到门开处尽可能低的地方。火焰的闪动方向表明，有一股冷气流正在流入房中。

最后，将蜡烛放到门缝正中再试一下，等你耐心地看到火焰在这些地方的某一点上燃烧稳定时，这就表明此处不存在气流。

知识延伸：

气流是怎么回事呢？原来，在一间有暖气或生了火炉的房间里，热空气总要向上升起，并寻找逃跑的地方。与此同时，冷空气从低处进入房内，以填充由于上升的热空气所造成的低压区。

烧不开的水

操作难度：★

实验方法：

将一只盛水的小烧杯放在盛水的大烧杯中。然后用酒精灯加热大杯里的水，过一会，大杯里的水烧开沸腾了。但奇怪的是，小杯里的水并不沸腾，无论加热多长时间都烧不开。用温度计量一下，大小杯里的水温居然相同，但是小杯里的水为什么不沸腾呢？

知识延伸：

沸腾是液体的一种汽化现象。液体汽化的时候，要吸收热量。大杯子放在火源上，里面的水可以不断得到热量，不断沸腾。

而小杯放在水中，只能从水中得到热量，即大杯中水的温度升高，小杯中水的温度也升高。当大杯中水温升高到100℃时，小杯中水温也升到100℃，但大杯中水温升高到100℃时就沸腾了，它得到的热量都用来汽化了，水温不再升高，

这样一来，大小杯之间不再发生热交换，小杯里的水不能再从大杯里吸收热量，就不会沸腾。

烟雾的行踪

操作难度：★

实验方法：

找一个长方形的空纸盒，在侧面开两个圆孔，用硬纸做两个纸筒，把它们插在两个圆孔中。然后把盒子侧放，纸筒向上，把一小段点燃的蜡烛放置在盒内任一纸筒下面，把盒子盖好。

点燃一段蚊香，放在下面有蜡烛的纸筒顶端，烟雾向上冒得更快；把蚊香放在下面没有蜡烛的纸筒上，烟会从另一个纸筒冒出来。多么奇怪的现象啊！

知识延伸：

蜡烛点燃时产生的热烟气通过上面的纸筒冒出来，冷空气从另一个纸筒流进盒内维持燃烧，所以蚊香的烟也随着空气的气流进入纸盒内。

这时，蜡烛产生的热烟气从纸筒向上升，蚊香的烟也就随着这些热烟气从蜡纸上面的纸筒又冒了出去。

防雾玻璃

操作难度：★★

实验方法：

取一片洁净干燥的玻璃片，在中间部位均匀地涂一薄层洗洁精，将涂有洗洁精的一面朝下，放在盛有开水的暖瓶口上方。

过几秒钟后，拿起玻璃片一看，就会发现，没有涂洗洁精的部位布满小水珠，雾茫茫的；而涂有洗洁精的部位却没有小水珠，仍然是透明的。这是怎么回事呢？

知识延伸：

水蒸气遇冷会在玻璃片上凝结成许多小水珠，这些小水珠在表面张力的作用下收缩成半球形或球形，使光线散射，所以看上去雾茫茫的。洗洁精能降低水的表面张力，使水蒸气不能凝结成小水珠，而紧贴玻璃形成一层均匀的水膜，所以看上去仍是透明的。

市场上出售的玻璃防雾剂就是根据这一原理制成的。如果把镜片涂上这种防雾剂，冬天戴着眼镜走进温暖的房间，镜片上就不会雾茫茫的了。

黑体的本领

操作难度：★★

实验方法：

把一个表面光亮的金属盒，放在蜡烛焰上熏黑一部分。然后装上热水（最好是刚烧开的水），放在桌面上。再将预先校准的两支温度计（看看它们在同样环境下示数是否相同），用细线栓好，挂在金属盒的两侧，各距金属盒5毫米左右，但不要和金属盒接触。一支温度计的玻璃泡对着熏黑的面，另一支温度计的玻璃泡对着未熏黑的面。

过3~5分钟，观察温度计，你会发现，对着黑面的那支温度计的示数比另一支的高。为什么会出现这种状况呢？

知识延伸：

人们都知道冬天穿着黑色衣服较暖，黑色物体吸收热的本领最强。这个实验告诉我们，黑体辐射热的本领也最强。这是自然界一条普遍的规律。

会走的杯子

操作难度：★★

实验方法：

找一块玻璃板，放在水里浸一下，然后一头放在桌上，另一头用几本书垫起来（高度5~6厘米）。将一只玻璃杯，杯口蘸些水，倒扣在玻璃板高处一端。

这时，手拿点着的蜡烛去熏烧杯子的底部，你就会惊奇地发现：咦！玻璃杯竟会自己往下走去。这是怎么回事呢？

知识延伸：

原来，当烛火熏烧杯底的时候，杯内的空气渐渐受热膨胀，要往外挤。但是，杯口是倒扣着的，又有一层水将杯口封闭，热空气跑不出来，只能将杯子顶起。在自身重量的作用下，就自己下滑了。

铁圈下蛋

操作难度：★★

实验方法：

用铁丝做一个小铁圈，把一个没吹足气的小气球（铁圈比气球略大，不能大太多），放入铁圈，气球会落下来。把这个气球放进一盆热水中，泡一下后，再放在铁圈上，却掉不下来了。可是，过了一会儿，球又掉了下来。

知识延伸：

这个气球由小变大再变小，你知道是什么道理吗？原来是热胀冷缩的原理。气球里的空气受热后膨胀使球变大，后来空气慢慢变冷，球就又变小了。

巧化糖块

操作难度：★★

实验方法：

找两颗同样的水果糖，两杯冷水。将一颗糖扔入一杯水中，它很快就会沉底；把另一颗糖用线绳拴住，吊在另一杯水中间，仔细观察，两颗糖

铁丝伸长

操作难度：★★

实验方法：

找一根粗铁丝，把它的两头分别搁在砖上。在铁丝的一头垫一块玻璃，在玻璃和铁丝之间，放一枚大头针或缝衣针，针尖穿过一片狭长硬纸条。铁丝的另一头用硬物顶住，上面再压上重物。用蜡烛加热铁丝的中间部分，过一会儿，你就看到穿在针尖上的硬纸条偏转了；吹熄烛焰，硬纸条会慢慢转向原处。

知识延伸：

一般物体（包括固体、液体和气体）都具有热胀冷缩的性质。铁丝受热会伸长，于是压在铁丝和玻璃间的小针就带着硬纸条转动了。

金属片弯腰

操作难度：★★

实验方法：

把长度相等的薄铁片和薄铝片叠在一起，两头用铆钉钉住，成为一个"双金属片"。用钳夹住"双金属片"的一端，在蜡烛上加热它的中间部分，不一会儿，两片金属从中间拱起，从侧面看呈现弯曲的月牙形。这是怎么回事呢？

知识延伸：

两个金属片之间之所以会拱起，是因为在同样条件下，不同固体膨胀的程度不同，铝受热膨胀得比铁快，膨胀的程度也比铁大，但由于它们两头被固定住了，铝片只能从中间拱起。

人们利用"双金属片"在温度改变时会改变本身形状的原理，制成了许多自动化的装置和仪表，例如金属温度计，能自动记录温度的变化；又例如温度调节器，能自动保持室内恒定的温度等。

奇怪的鸡蛋

操作难度：★★

实验方法：

取一只小烧杯，在杯中装 2/3 杯水，水中放入一个鸡蛋。在水中插入温度计，调节火焰用小火慢慢加热，使温度控制在 70~75℃，加热约 5 分钟。从烧杯中取出鸡蛋，敲破蛋壳，把鸡蛋倒入一个碗中，就会看到蛋白仍然是液体，蛋黄已经凝固。

注意：温度不能超过 75℃，否则实验会失败。

知识延伸：

各种物质的凝固点都不相同，蛋白和蛋黄的成分不相同，所以它们有各自的凝固温度，蛋黄的凝固温度低于 75℃，蛋白的高于 75℃。

奇怪的玻璃纸

操作难度：★★

实验方法：

取一段长约 12 毫米、宽约 5 毫米的硬纸片，距离一端 15 毫米处扎一枚大头针，使大头针在针孔内滑动几次，再钉在墙上，另一端剪成尖形，做指针。

再在硬纸片尾部垂直贴一条长约 50～60 毫米、宽约 3 毫米的包糖果的玻璃纸，使指针水平放置，拉紧玻璃纸，用大头针钉在墙上。

这时候，对着玻璃纸哈热气，指针就会慢慢地下垂，玻璃纸明显地伸长了；划根火柴烘烤玻璃纸，指针又开始慢慢地上翘，玻璃纸明显地缩短了。

同样是加热，为什么一会儿伸长，一会儿缩短呢？

知识延伸：

原来玻璃纸有湿涨干缩性。第一次哈热气是潮湿的，第二次用火烘烤是干燥的，所以出现了两种截然不同的效果。

混凝蜡

操作难度：★★

实验方法：

用牛皮纸卷两个相同的小纸筒（高约 100 毫米、直径约 10 毫米）。在一个纸筒中倒入融蜡，另一个纸筒中倒入放有木屑的融蜡。等蜡液凝固之后，剥去纸皮，就得到一根纯蜡棒和一根充满木屑的蜡棒。用这两根蜡棒分别去吊重物，可以证明，含木屑蜡棒的强度比纯净蜡棒的强度大。

知识延伸：

这是因为木屑本身的强度比蜡大，它在蜡中起了"骨架"的作用。人们在水泥中加进砂石制成混凝土，不仅节省水泥，而且还能提高强度，道理完全相同。

看见空气

操作难度：★★

实验方法：

我们打开一个盒子，看见里面没有什么东西，就说盒子里是空的，我们把一杯水渴光了，也说杯子是空的，其实，这样说并不准确，盒子里和杯子里都充满了空气。

有没有办法看到空气呢？

先说一个简单的方法：将一个玻璃缸或一个水盆里装上水，然后把一个杯子杯口朝下按在水里，可以看到，只有少量的水能进到水杯里，是什么东西不让水再进去了呢？是空气！空气占据了杯子里的空间，所以我们"看"到了空气。

春天来了，暖暖的太阳照在原野上，照在屋檐上，你看到了什么？如果你是一个细心人，你会看到田野上、屋檐上似乎有淡淡的影子，袅袅地上升，这是什么？这就是热空气的影子，也就是说你看到了空气的影子。

晚上，在桌子上放一支点燃的蜡烛，让它们距墙60多厘米远，然后把屋里的灯关掉，站在离墙1～2米远的地方，打开一个手电筒，使它的光穿过烛光照在墙上。在蜡烛阴影的上方有一个淡淡的影子不断地摇动，这就是蜡烛上方热空气的影子。

知识延伸：

空气是如何脱去了它的"隐身衣"的？原来是因为"热"。在热空气和冷空气同时存在的时候，由于热空气和冷空气的密度不同，所以，光在热空气中和冷空气中的传播速度不同，在热空气中稍快一点。对于光来说，冷、热空气就是两种不同的透明物质。光线行走到它们的交界面上，会发生折射，这和光在空气和玻璃的交界面上的折射类似，玻璃虽然透明，但是在阳光下有影子。

上述的实验中，从手电筒中射出的光，由于一部分光受到烛光上方热空气的折射，就再也不笔直地前进，而折向其他的方向，射到墙上的光有的地方多，有的地方少，就会出现一些淡淡的影子。

看见空气的影子有什么用处呢？

原来，汽车、飞机、火箭、子弹等都在空气里运动，它们搅动着空气，形成漩涡，这些漩涡会影响它们的运动，但是这些漩涡看不见，如果能看见这些漩涡，我们就知道如何改进这些运动体的形状，以减少空气的阻力。而利用上述类似的方法就能看见空气的阴影，科学家也正是这样做的，他们从这淡淡的影子里看到了许多东西。

辐射的热

操作难度：★★

实验方法：

在一个大圆铁罐的两边各钻一个小孔，把铁罐内壁的一半涂黑，让一个小孔在涂有黑色一边，另一个小孔在没有涂色一边。把两根火柴棒分别插在小孔里，用蜡把它们固定好。把一个亮着的灯泡放在铁罐中间。

你会看见黑色一边的火柴棒上的蜡首先融化。

知识延伸：

黑色的表面吸热多，而没有涂色的表面吸热少。夏天人们爱穿浅色的衣服，冬天爱穿深色的衣服，就是这个道理。

热气球

操作难度：★★

实验方法：

热气球是实用飞行器的一种，我们自己动手制作的小热气球也会升上天空。

本实验需要的材料和工具有：两张全开薄纸、铁丝、竹条、棉花、酒精或煤油、剪刀、胶水或糨糊。

制作方法如下：将两张全开纸顺长边对折，再将另外两张全开纸平放在折纸的上下，沿长边粘贴四个边条，斜向收粘上口和下口，由于粘成的纸气球较大，所以要用折叠平放办法去制做。做成后比着下口大小，弯一个大竹圈，在竹圈中横拴一根铁丝，在铁丝中部用铁丝拴一块棉球或破布，在底圈上拴三条细线，收拢后再拴一条长线，以便在气球升空后拉住球体，使球不能带着火种任意飘飞。

放飞时在棉球上浸酒精或煤油，由两人托举纸球，一人在球下点火，当火焰将纸球中的空气烤热后，气球便会缓缓升上天空。另一种放飞办法是在气球的底圈上不拴火种，只用炉火把气球内的空气烤热后放飞上空，这样做没有危险，球内空气冷却后会自动落回来。

知识延伸：

同体积的热空气比冷空气的密度小，球体内热外冷就能上升，但制做热气球时球体不可制做得很小，应做得大些，热空气容量体积越大越容易飘上去，而且在空中停留的时间会长些。

拔水杯

操作难度：★★

实验方法：

在洗脸盆里盛一点水，拿一只玻璃杯倒扣在水里，杯内杯外的水面分不出高低，都一样平。现在，采用两个简单办法，就可以使杯内的水面拔高一截。

拿一块蘸过热水的毛巾，裹在玻璃杯上，过一会，就会看到有气泡溢出水面，等气泡不再外溢时，把热毛巾拿走。过一会，杯内的水面就会上升，也就是被拔高了。

还有一个办法，用瓶子夹着一小团棉花，蘸一点酒精，把酒精点燃，用另一只手倒拿玻璃杯，用点燃的棉球，烘一烘杯内的空气，再迅速地把杯子倒扣在清水里，杯内的水面也会被拔高。

这是什么道理？

知识延伸：

这两种办法都是先把玻璃杯内的空气加热，使杯内空气膨胀密度变小。这时杯子扣在水中，等到杯子冷却以后，杯内空气的温度降低，杯内空气的压强减小，在杯外大气压强的作用下，杯内的水面就会升高。

力学小实验

气泡运动

操作难度：★

实验方法：

取透明玻璃瓶一只，装入一些自来水，拿在手上一摇晃，产生的气泡纷纷上浮。你仔细观察，会发现大气泡上升得快，小气泡上升得慢，有些极小的气泡要过很久才能浮到水面。这是因为气泡越大，它所受到的水的浮力也越大，所以大气泡自然上升得快。

在一段玻璃管中装入水，摇晃使水中产生气泡，你会发现小气泡比大气泡上升得快。这又是什么原因呢？

知识延伸：

原来由于管子细小，大气泡上升时反而阻碍了水的流动，水流动慢，大气泡的上升也就变得很难了。

"关"住水泡

操作难度：★

实验方法：

找一个废旧热水瓶铝盖（空易拉罐也可），在底部中心打一个直径3~4毫米的孔。放入脸盆的水中灌满水，然后将瓶盖慢慢垂直提起，提到约100毫米高时，从小孔中流出的水柱开始在水中激起水泡。马上把铝盖放低一些，这时奇妙的现象就产生了：刚才被水柱激起的一些水泡被"关"在水中升不上来了，而且还不向周围扩散。

知识延伸：

气泡不上来的原因，是水的冲击抵消了水泡的浮力。那么水泡为什么不会被水冲散呢？这是因为水柱冲入水中是有速度的，根据流体速度大、压强就小的道理，周围静水的压强比水柱底下压强大，这就把水泡限制在水柱底下了。

水面绘画

操作难度：★★

实验方法：

利用水面的浮力可以画出"抽象派"画面。下面我们来做这个实验。本实验需要的材料和工具有：水盆、清水、浓墨汁、毛笔、小木棍、白纸。

制作方法如下：将水盆盛满清水，平放在桌上，用毛笔蘸浓墨汁滴在水面上，用小木棍将墨滴推开，让墨滴散乱成不规则的乱云形花纹，取一张白纸平放在水面上，再轻轻提出纸张，水面上的花纹画面就会翻印到纸上，晾干印好的纸张，再精心剪裁一下四边，就能出现类似山脉、云层等

"抽象"的画面。

知识延伸：

水面平时总会有一层肉眼看不到的表面油脂，它可以把墨迹托起来，形成水平面印刷版，如果用油漆倒在水面上搅拌还可以在木板上印出假大理石花纹来。

"盒"爆炸

操作难度：★★

实验方法：

在水杯里放入一个小纸盒（包），会噼噼啪啪炸出很多水花来。

本实验所需材料和工具有：跳跳糖、薄纸、玻璃杯、清水。

制作方法如下：准备一包"跳跳糖"，用薄纸一小块，在铅笔上卷一个小纸筒，不用糨糊粘，将底边多出的部分向内折叠压紧，把纸筒从铅笔杆上拔下来，做成一个圆筒形无盖有底的小纸盒，把跳跳糖倒入纸盒里，将上口收拢捏一下，不必捏得太紧。倒一杯清水，最好用无条纹的平面玻璃杯。将装有跳跳糖的小盒投入水中，用铅笔压一下让它下沉，当水渗透到纸盒里接触了跳跳糖就会发生"爆炸"，水花四溅并发出噼噼啪啪的小声响，看上去非常有趣。

知识延伸：

跳跳糖着水后会有强大的吸水性，在吸水过程中自身迅速分裂，好像跳起来一样，用纸包住它，再让它渗透水分，就控制了吸水过程，加大它的爆发力量，以它的跳动力量再去冲击水，便会产生水花溅起的现象。

潜水人

操作难度：★★

实验方法：

潜水人是穿了水下防护用具在水下作业的人员，这里制作的小玩具能在我们手的控制下在深水中自由沉浮。

本实验所需材料和工具包括：旧的玻璃眼药水瓶、即时贴彩纸或不干胶透明胶条、深的直口标本瓶、水。

制作方法如下：向直口标本瓶中倒入清水，使水面距瓶口约6厘米。取小眼药水瓶，用手指堵住下出水口，向瓶内倒满清水，把挤眼药的胶皮帽扣紧，这时药瓶内的水不会从下口流出来。把这个眼药水瓶放在标本瓶内，它自然会下沉到底。取出眼药水瓶，用手按眼药水瓶上的胶皮帽使瓶内的水从下口滴出，水滴出去以后瓶的上部就会出现小的气室，气室越大浮力越大，不断挤出水，不断放在标本瓶里试浮沉，当小瓶内的气室大小刚刚能使小瓶垂直浮在水平面上时，调试就完成了。

这时如果用手掌按住标本瓶口，用力向下一压，小眼药瓶便会缓缓下沉，再加压力它会直沉到底，如果把手掌稍微松一点力，小眼药瓶又会从水底上升，小瓶在水中上下浮沉很像潜水人在水下工作。试验成功以后，用彩色即时贴纸（即不干胶彩纸）为小眼药瓶美化装饰，使它变成个潜水人形，如果没有即时贴纸，可用白纸包粘画成人形，再用透明胶纸包粘，起到防水作用就可以。做成人形的眼药瓶在水中沉浮，会更好玩更好看些。

知识延伸：

在正常环境中，大气的压力是一致的，眼药水瓶内的小气室内的空气是在正常情况下留出的，它的气压和正常环境中的气压一样。

把它放在水里它能沉下去，说明瓶中水的重量与气室气体的浮力均等。当用手掌按压大标本瓶口时，大瓶内水平面上的气室气压产生了变化，将比正常大气压力增高些,可这时眼药水瓶里面小气室还是正常大气压,它便托不住瓶水的重量,就自动沉下去,当减弱大瓶气室的压力时它还会从水底向上升。

液体的比重

操作难度: ★★

实验方法:

向瓶中倒入少许油和水,其量相同。用软木塞盖好瓶子,用力猛烈摇晃。看起来水和油好像混合在一起了,但是,一放下瓶子,两者又分离开来,油不久就会浮在水面上。不管你在摇晃瓶子时用力多猛,也绝不可能使它们溶合在一起。

试一下将其他一些液体混在一起会产生什么情况。假如它们的颜色相似,则用墨水掺放在中间以便区别。只要小心从事实验,完全有可能使瓶内充满各层颜色不同的液体。装瓶时让重质液体,如甘油,先进入瓶中。

知识延伸:

不同的液体有不同的密度,不同密度的液体是很难将其混合在一块儿的。一般说,密度大的液体总在下面,密度小的液体总在上面,上面的实验就证实了这个规律。

铅笔比重计

操作难度: ★★

实验方法:

如果能做一个简易比重计,使你在做实验时能准确区分各种比重的溶液,那该多好!

找一支橡皮头铅笔，把图钉按入橡皮头的正中，浸入水里，在铅笔静止的位置刻一道线，作为水的比重的标记。在这以下的位置，刻上间隔相等的细线，分别标上 0、1、2、3……这样，一支铅笔比重计就做好了。把这支铅笔比重计浸入盐水，这时候水面刻度会大于 0，盐水越浓，水面刻度读数越大。

知识延伸：

铅笔比重计是利用液体比重越大浮力也就越大的道理制成的。图钉的作用是为了降低铅笔的重心，使它能够垂直地浮在液体中。

简单的虹吸器

操作难度：★★

实验方法：

这是一个极其简单的实验，却具有实际使用价值。在必须从盛有液体的容器中取出液体，特别在有障碍物存在而影响取出液体的情况下，通常可以用得着这一方法。

当你用一根吸管喝橘子汁时，你是在使橘子汁克服重力。先吸去吸管中的所有空气，让外面的空气在橘子汁表面往下施加压力，从而帮助橘子汁从杯里送到你的嘴里。用一根虹吸管来完成相同的事——吸空一杯水，或者轻而易举地吸空一大桶水。

做虹吸器时，先在一个空杯中装上清水，并将皮管的一头插入杯子中。再将第二个杯子放在皮管的另一头易于到达的低处。在皮管位置较低的一头吸气、吸掉管中的所有空气，管内则充满了水。

从嘴里拿开皮管时要小心，一旦管口离开你的舌头，便用一根手指紧紧地堵住管口，以维持吸力。

将管口放在空瓶中，放开你的手指，水便从上面的杯子中往低处的杯中缓缓流去。只要放在高处的管口仍处在水面以下，水就会一直往下流。

知识延伸：

这个简单的虹吸器是利用虹吸原理制成的。虹吸现象是液态分子间引力与位能差所造成的，即利用水柱压力差，使水上升后再流到低处。由于管口水面承受不同的大气压力，水会由压力大的一边流向压力小的一边，直到两边的大气压力相等，容器内的水面变成相同的高度，水就会停止流动，利用虹吸现象很快就可将容器内的水抽出。

气球的重量

操作难度：★★

实验方法：

有一个实验十分有趣，可以引人深入思索。在天平的一端，放着一只灌满压缩空气的瓶子，瓶塞上的开关紧闭着，瓶口上套着一个瘪气球；天平的另一端放砝码，使天平平衡。

然后，打开瓶塞上的开关，压缩空气进入气球，气球胀大。这时，天平上放着砝码的那一端往下沉，说明瓶子和气球变轻了。

有人说："压缩空气从瓶子冲到气球里，给了气球一个向上的力，由于气球和瓶子是相互连着的，所以瓶子也受到向上的力，这就变轻了。"

有人说："这个说法不对。火箭向下喷气，火箭向上运动。瓶子里的压缩空气向上冲，瓶子应该向下运动，等于给天平的这一端加了一个力，瓶子应该显得重一些才对。"

这两个答案对吗？

这两种说法都没有说到关键。压缩空气引起气球向上运动，喷气又引起瓶子向下运动，这两边大小相等，方向相反，相互抵消，实际上对天平称重没有任何影响。

应该说，这两种说法都对思考问题产生了干扰，我们排除干扰，再做一次实验。把气球中的空气压挤到瓶子中去，关闭开关，让瘪气球垂在托盘外面,使天平再次平衡。

这时,打开开关,气球又胀了起来,我们可以看到,盛砝码的那头又下沉了,气球和瓶子又变轻了。

那么,到哪里去找答案呢?

知识延伸:

我们分析一下气球胀起来以后发生了什么变化?瓶子、气球、空气这三种东西的重量变了吗?

没有。瓶子和气球的重量不会变,空气的重量也没有减少。唯一有变化的是气球中的空气的体积,空气的体积胀大以后,它的轻重也会有变化。

因为这一连串问题的根子出在压缩空气上。空气被压缩到瓶子里以后,它的重量就不是一瓶空气,而是两三瓶,或者是四五瓶的重量了。这说明,瓶子里的压缩空气比其未压缩时受到的空气浮力较小,而当部分压缩空气进入气球以后,空气的体积增加,所受的浮力也变大了。浮力增大,瓶子、气球和空气的重量就显得轻了一些。

找重心

操作难度: ★★

实验方法:

你听说过关于牛顿的故事吗?他坐在花园里,从树上落下一个苹果,打着了他的头。于是,这位伟大的科学家很快就发生疑问:太阳、月亮和其他星星依然在头顶上,看不出有向下落的样子,那么,是什么使得苹果往下落?牛顿以发现万有引力而闻名于世,他的理论在现代生活的许多方面都证明是有价值的。

设计师和工程师们为了找出他们所设计的产品的重心,必须计算许多复杂的数学公式。不过,我们实验中用的是小件物品,比如各式各样的纸板,所以找重心就容易得多。

做第一个实验时,要在薄纸板上用圆规画一个圆。剪下这个圆纸板,将针尖支在圆规留下的圆心上,你会发现纸板相当平稳。

同样,剪一小块正方形纸板,画出正方形的对角线。两条对角线相交之点便是重心。当你将针尖支在这一重心时,你会发现正方形纸板也非常平稳。

但是,要在一个不规则的纸板上找到重心就稍稍麻烦一些。先用一条钉在墙上的线把纸板的一个角悬吊起来,纸板靠墙稳定后,拿一把尺子在纸板上作吊线的延长线。然后,再悬吊纸板的另一角,等纸板稳定后用尺子再作吊线的延长线。两条延长线的相交点则是不规则纸板的重心。将纸板上的这一点放在针尖上,它也会完全平衡起来。

知识延伸:

一个物体的各部分都要受到重力的作用。从效果上看,我们可以认为各部分受到的重力作用集中于一点,这一点叫做物体的重心。

质量均匀分布的物体(均匀物体)的重心位置只跟物体的形状有关。有规则形状的物体,它的重心就在几何重心上,例如,均匀细直棒的中心在棒的中点,均匀球体的重心在球心,均匀圆柱的重心在轴线的中点。不规则物体的重心,可以用悬挂法来确定。不过,不规则的物体,它的重心不一定在物体上。

针浮在水上

操作难度:★★

实验方法:

本实验需要的材料:一碗水、针、叉子、液体清洁剂。

实验方法:用一个叉子,小心地把一根针放到水的表面,慢慢地移出叉子,针将会浮在水面上。

现在向水里滴一滴清洁剂,可以发现针沉下去了。

知识延伸：

是水的表面张力支撑住了针，使之不会沉下。表面张力是水分子形成的内聚性的连接。这种内聚性的连接是由于某一部分的分子被吸引到一起，分子间相互挤压，形成一层薄膜，称作表面张力，它可以强大得托住原本应该沉下的物体。

而清洁剂降低了表面张力，使张力层变弱，针就浮不起来了。

喷泉的秘密

操作难度：★★

实验方法：

在两个大烧瓶的橡皮塞上各打2个小孔，把一个长管玻璃漏斗穿过一个孔并接近瓶底（漏斗下接皮管也可以），瓶里盛一些水。把一根尖嘴玻璃管插进另一个大烧瓶中所盛的水中。两个塞子的另两个小孔各插一短玻璃管，相互用皮管连接，接口处必须密封好，只要往漏斗里灌水，尖嘴玻璃管就喷水。

漏斗内的水漏完时，那边的喷泉也停止。如果把喷口弯一个角度，使喷出的水正好喷入漏斗，喷泉就能持续进行下去。

知识延伸：

漏斗里的水进入烧瓶后，瓶内的空气受压，因为两瓶是相通的，另一瓶的气压也相应增大，于是就把水从尖嘴压出，形成喷泉。

灌不满的漏斗

操作难度：★★

实验方法：

只要有一只漏斗、一根橡皮管和一根塑料吸管，就可制作一个神秘的装置。将硬塑料管放在热水里使它变软，将其弯成"?"形。尾部套一段约2厘米长的橡皮管，然后把"?"形管塞入漏斗的直颈里面使漏斗不能直接漏水。

漏斗下面放一个空瓶，然后向漏斗里缓缓加水，那么漏斗永远不会被装满。每当水面升到弯管顶部时，就开始虹吸作用，把漏斗里的水虹吸到瓶里。当水面降到弯管口以下时，虹吸作用停止，这个过程周而复始地进行着。大自然中间歇泉的存在，就是这个道理。

知识延伸：

前文已介绍过虹吸现象的形成和原理。大家不妨试着用这个规律来解释身边的一些虹吸现象。

水柱顶球

操作难度：★★

实验方法：

给你一根老师上课用的教鞭，如果要你用它的一端顶着一个不停旋转的乒乓球，那实在是件很困难的事。如果用一束向上喷射的水流代替教鞭，那可就简单多了。

将一个玻璃眼药水瓶套在一根较长的橡皮管的一头，把橡皮管的另一头直接接到自来水龙头上。右手握住眼药水瓶底部和橡皮管，保持滴口竖直向上。打开自来水龙头，水流便从滴口向上喷出。左手捏住乒乓球，小心地放到水流的顶部，轻轻松开手指，乒乓球就像被吸住那样停留在水流顶部，上下微微跳动且不停地旋转着。细小的水滴沿着乒乓球旋转的切线方向不断溅出。你仔细观察一下便可发现，乒乓球并没有被顶在水流的最上端，而是在"开花"的顶端稍下些的一侧。

旋动自来水龙头，改变从滴口喷出的水流速度，你可发现：当流速增大时，乒乓球会随着水流的升高而上升；当流速减小时，乒乓球又会随着水流高度的降低而下降。缓慢地平移滴口，乒乓球还会跟着水流移动呢。

还可再做一个表演："冲不走的乒乓球"。把乒乓球放在水平地面上，右手握着眼药水瓶底部和橡皮管，使滴口竖直向下对着乒乓球。打开自来水龙头，开小一些，让水成一股较细的水柱缓缓流下。也许第一次试验时，由于你的右手抖动，乒乓球一下子被冲走了。

别急，再试一次。左手捏着乒乓球调整它在地面的位置，使它正好对着水柱，这时放开左手，球不但不会被冲走，而且还会在原地旋转。稍微将自来水开大些，乒乓球便被"钉"得更牢了。缓慢地平移滴口，小球便听话地跟着移动。

知识延伸：

没有自来水的地方，可根据虹吸原理，在高处放一大盆水，先在橡皮管内灌满水，然后把不接眼药水瓶的一头浸入水盆内，同样可获得向上喷射的水柱。如果你是冬天做这个实验，不妨用胶布把眼药水瓶和橡皮管固定在桌脚或椅背上，别让水把自己的衣服都淋湿了。

竹筷提米

操作难度：★★

实验方法：

桌上有一只空玻璃杯，一大碗大米和一根"下圆上方"的普通竹筷。

要求用这根筷子提起满满一杯大米，你能行吗？也许，你认为这挺简单，把米倒入杯中，把竹筷垫在杯底某一直径位置上，再把筷子水平提起，一杯大米不就被提起来了吗？其实，这一办法说起来简单，真的做起来却是挺困难的。即使提起来了，稍一不留神便会"杯砸米撒"前功尽弃。

有一个既稳妥又方便的方法，你不妨一试。先在杯子里装上半杯米，然后把筷子竖直插在中间（截面呈正方形的一头朝下），用手将杯内的米压紧，再陆续往杯子里加大米，一边加一边压紧，直到杯子里装满大米。要注意的是，在加米和压紧的过程中，应始终保持筷子竖直，切不可让它左右摇动。此时，提起竹筷就可把满满一杯大米拎起来了，提着它走几步，杯子也不会掉下。如果米加满压紧后，再往杯中洒入少许清水，等一会儿再提起竹筷，那就更靠得住了，即使你提着竹筷缓慢地升高、下降，杯子也不会掉下来。

知识延伸：

这是由于米粒被压紧后，米粒与米粒之间，米粒与竹筷，米粒与玻璃杯壁之间的摩擦力很大，足以与整杯米的重量相平衡。洒点水能使米粒发胀，相互间挤压得更紧，摩擦力增大。当然，水不能倒入太多，否则便适得其反了。

自动转轮

操作难度：★★

实验方法：

找一个直径30毫米左右的瓶盖，中心钻一个小孔。用薄铁皮剪一个小叶轮，直径与瓶盖直径一样。在叶轮中心钻一个小孔，并把叶片扭转一定的角度，将火柴棍的两端分别插入瓶盖和叶轮的小孔中。

在玻璃杯中倒入开水，使水齐杯口。把叶轮小心地放入水中，瓶盖浮在水面上。过一会儿，叶轮便带动瓶盖慢慢地旋转起来。

知识延伸：

叶轮旋转是水对流造成的。杯口和贴近四壁的水比杯子中心的水凉得快，使周围的水向下流动，中心的热水就向上流动，水的流动推动叶轮旋转起来。小叶轮旋转是由于受到动力的作用，不过它的能量是贮存在热水里的。

自动小船

操作难度：★★

实验方法：

用吹塑纸或硬卡纸剪几只小船，在小船尾部再开出一个小缺口，往小船尾部涂上点圆珠笔油，放到脸盆的清水中，小船会自己往前航行。

小船会往前航行，完全是水的表面张力干的。圆珠笔油会使水的表面张力变小，小船前边的水的表面张力便把小船拉了过去，直至圆珠笔油把水的表面张力全破坏了，小船便会停止不前。

再来做一个实验：

把一小段棉线的两头打结，投到盆中的水面上，棉线一定是个不规则的图形。现在拿一根火柴在肥皂上擦几下，再插进棉线圈中，你发现了什么？

线圈自觉地变成了圆形。

知识延伸：

原来肥皂也会破坏水的表面张力，线圈中的水的表面张力被破坏以后。圈外水的表面张力依然存在，从各个方向拉线圈，直至线圈变圆为止。

水流过手帕

操作难度：★★

实验方法：

本实验需要的材料：水，广口瓶或水杯，橡皮圈，手帕。

用一块手帕盖在瓶口或水杯口上，用橡皮圈把它紧紧地固定好。通过手帕给瓶中加水，直到加满为止。在水池上方，小心地把瓶子倒置过来。水不会从瓶中跑出来。

知识延伸：

水之所以能够通过手帕流进瓶中，是因为水流的力量冲破了手帕孔口的表面张力。水之所以流不出来是因为在手帕网孔中的水产生了表面附着，而外面的气压向上以同等的压力顶住了倒置的瓶中的压力。气压向上顶住了手帕，表面附着使水无法出来。

螺旋和杠杆

操作难度：★★

实验方法：

螺旋实验需要的材料有：一张纸，剪子，铅笔，彩色笔。

从一张纸上剪出一个直角三角形来做成一个倾斜面。把笔放在纸的三角形短边位置，朝着三角形的顶尖处，把纸卷在铅笔上。用彩笔沿着剪下的斜边标出记号，这样将会形成一个螺旋形支撑。当你在卷纸时，请保留三角形的底线或称基本线。这个倾斜将会沿着铅笔螺旋形上升，形成一个螺丝钉模型。这就说明，螺丝钉事实上是一个倾斜平面。

杠杆实验需要的材料有：桌子，两块木板（约跟桌子一样高）。

杠杆是由一个硬棒及这个硬棒的支撑点组成的，这个支撑点叫支点。杠杆得益于从重物点到支点的距离短，而从用力点到支点的距离长。

为了做一个杠杆，把一块木板靠近桌子垂直立起，把另一块木板放在竖立的板顶上面。把放在上面的木板的一端伸在桌边的下面，按下木板的另一端，这个很重的桌子就很轻易地被抬起来。

知识延伸：

生活中有很多杠杆原理的例子，如启瓶盖的动作、有轮的手推车、锤子等等。

摩擦力

操作难度：★★

实验方法：

本实验需要的材料有：几个橡皮圈，装有东西的鞋盒，3支圆柱形铅笔。

为使汽车前进，我们把车挡从高挡换到低挡，低挡用于上坡。这说明，开始移动某物所使用的力气要比保持该物移动所使用的力多。

把橡皮圈套在一起，并把它的一端固定在鞋盒里。把盒子放在一个光滑的地面上或桌面上，拉着橡皮圈的另一端。看一看，在盒子开始移动前，橡皮圈被拉长的距离。然后，再注意一下，保持盒子移动橡皮圈被拉长的距离。

为使盒子移动，橡皮圈被拉长的距离要更长些。这是因为静止摩擦力大于移动摩擦力。现在，在盒子的下面放上3支铅笔，再做一次拉盒子实验。这个实验用更小的力就可使盒子移动。滚动轴承可用于减小摩擦力。

把橡皮圈套在一起。用一根小棍或铅笔把橡皮圈固定在鞋盒里。橡皮圈被拉出的长度证明用了多少的力。盒子下面的铅笔像滚动轴承，减小了摩擦力。

知识延伸：

两个互相作用的物体，当它们发生相对运动或有相对运动趋势时，在两物体的接触面之间会产生阻碍它们相对运动的作用力，这个力叫摩擦力。

摆体与势能

操作难度：★★

实验方法：

本实验需要的材料有：绳子（大约80厘米长），重物（例如铅坠），两把椅子，扫帚，一本书。

用扫帚柄做支持摆动物的材料。把两把椅子背靠背地放置，中间相隔大约90厘米的距离，把扫帚柄横架在两把椅子背上，使之成为一个支持悬挂物的横杠。

下一步，把绳子的一端紧紧拴在扫帚柄的中间部分，使绳子结在横杠的下方。把铅坠拴在绳子的另一端，使铅坠稍稍高出地板，将多余的绳子剪掉。把铅坠拉向一端，并且放开后，这个重物将按照固定的节律来回摆动。重物摆一个来回所花费的时间被称做摆动的周期。

把一本书直立在地板上，作为重物摆动的一个起点标志，拉过重物，使之靠在书上，然后将其放开，重物将来回摆动。尽管它可以摆到离书很近的地方，但它不会碰到书上。

知识延伸：

当一个重物被拉起到一定的位置的时候，重力作用使这个物体具有势能，当重物被放开后，势能就被转换为动能。这就使重物能够沿弧线摆动。当摆动到最高点时，重物将在最高点停留瞬间，这时，动能又被完全转化成势能。这种能量的相互转化一直在交替进行着，当摆动物从最高点到最低点时，它的摆动速度从最小变成了最大。如果不存在摩擦力和空气阻力的话，这个摆动现象将永远持续下去。而实际上摆动的铅坠一经从书本上离开就再也不能碰到书本了。

砸不碎的酒杯

操作难度：★★★

实验方法：

取一根长1.5米左右，直径约2.5厘米的木杆。在杆子的两个顶端，沿杆的轴线各钉一枚大头针，大头针进入木杆的深度有3~5毫米即可，再用老虎钳截掉大头针的"大头"。然后，把杆搁在分别置于两把椅子上的两只玻璃杯上。杯子只和杆两端的大头针接触。

抡起另一根粗大结实的棍子朝木杆的中央猛劈下去，木杆被劈断了，而玻璃杯却安然无恙。劈得越猛，实验效果越好。

不宜用硬木制成的杆子做这个实验，因为它们很难折断；而用白松或红杉树杆做成的杆子是一定可以打断的。为了取得戏剧性的效果，可以用盛有葡萄酒的高脚酒杯来代替玻璃杯。而粗大结实的棍子也可用长1米左右的自来水管或钢杆来代替。因为杆的末端和酒杯最宽部分之间有空隙，所以即使木杆不断，杯口也只需承受使大头针弯曲所需的微小的压力，既不会破碎，也不会翻倒。

知识延伸：

用高速摄像机拍摄的画面显示，木杆两端的初始运动几乎总是向上的。当外加的冲击传到杆端时，它们已经跳离了杯口。而且，杆端的这一上升过程与杆子中央部分的形变几乎是同时发生的，没有明显的时间滞后。

木杆受到打击时两端总是跳起来这一事实，启发我们可以不用大头针，把杆直接搁在杯口，从而使这个实验显得更为简单。事实上，这样做有时也能成功，只是失败的风险更大了。它需要表演者有更精确得多的打击技巧。

一是棍子必须严格沿竖直向下方向劈向木杆，否则木杆就会对杯子施加一个水平方向的作用力，使一个或两个杯子翻倒。二是打击点必须在杆子正中央，否则，杆受到打击后的几何形状不再对称，其中的一个杯子就有可能因承受过大的压力而破碎。大头针的作用正在于可大大减小上述影响。

如果你想尝试这一实验，开始时仍应谨慎地用一些不易破碎的支撑物，如塑料杯、饮料罐等来代替玻璃杯，直到掌握了足够的打击技巧之后，再换成玻璃杯。

吹不大的气球

操作难度：★★

实验方法：

准备一只气球和一个长颈瓶，将气球塞进瓶内，拉大气球的吹气口，反扣在瓶口上。嘴对瓶口用力吹气，尽管你使出最大的劲，吹得面红耳赤，气球只不过大了一点点，却怎么也鼓不起来。

知识延伸：

瓶子内本来有空气，把气球的吹气口反扣在瓶口上后，这些空气就被密封在瓶内。吹气时，瓶内空气的体积被压缩而减小，因此，瓶内的压强增大，所以对气球的压力也增大，当瓶内的压力与吹气球产生的压力相当时，气球就再也吹不大了。

吹不掉的纸

操作难度：★★

实验方法：

找一个缝纫机上用的线轴，裁一张手掌大小的方形硬纸片，中间钉入一枚大头针（或图钉），用手掌托住纸片，使针尖对准线轴的孔。你从线轴的上方使劲往下吹气，同时移开托纸片的手，你会发现纸片不会往下掉而会自由地飘浮。

知识延伸：

当你用力吹气时，气流急速地从线轴下端和纸片中间的空隙中通过，空隙间的气压相对小于纸下面的正常气压，纸便被下面的空气托住。

飞机上天的原理也是如此。机翼设计成上面为拱形，下面为平直，当飞机前进时，机翼上面的气流速度要大于机翼下面的气流速度，飞机便得到了较大的升力。

"烟圈"炮

操作难度：★★

实验方法：

找一张长约250毫米、宽约150毫米的硬纸，卷成一个高约150毫米的圆筒，并用胶水粘好。将圆筒两端用硬纸封好，在一端的中央部位剪出一个直径为10毫米的小圆孔，这样，"烟圈"炮就做好了。在桌上点燃一支蜡烛，在距蜡烛300毫米处架好"烟圈"炮，使炮筒中央的小孔对准烛焰。然后将筒内充满烟雾，你在炮筒底部轻轻弹几下，炮筒射出一串串的烟圈，蜡烛就被烟圈"炮弹"打灭了。

知识延伸：

当你轻轻地弹炮筒底部时，底部的硬纸受到挤压后产生振动，这个振动引起炮筒内的气体产生一股向前的气流。这股气流挟带着烟雾，来到炮筒口部时，由于圆孔周围的纸对这股气流的阻碍，使气流迅速地向圆孔集中，然后沿着圆筒边缘冲出。加上圆孔中心部分气流较急，烟雾相对较稀，所以，一串串翻滚的烟圈就形成了。远处的烛焰不得不向这小小的"龙卷风"低头。其实，炮筒内不充烟同样可以做上述实验，充烟是为了便于观察，同时也增加了趣味性。

能量守恒

操作难度：★★

实验方法：

本实验需要的材料有：用过的线轴，粗绳（约150～180厘米长），重物铅坠。

把绳子的一端穿过重物上的小孔并拴一个结，把绳子的另一端穿过线轴。注意找一个空旷的旁边无人的场地。

把绳子穿过线轴。用一只手抓住没有重物的绳子端，另一手抓住线轴并举过头部，使重物旋转成一个大圈。

努力使重物的旋转保持稳定节律，注意旋转的速度。保持线轴高度并向下拉绳子，重物将向线轴方向靠近同时旋转速度增加。

知识延伸：

当重物绕大圈旋转时，它保持了一定速度及与之相应沿大圆圈旋转重物的能量，当轨道变小时，重物会试图保持同样的速度和能量。轨道变小后，重物绕行的距离缩小。为了保持同等能量，它将增加单位时间里的转动圈数。

随着半径的减少，物体旋转加快。

自由落体定律

操作难度：★★

实验方法：

本实验需要的材料有：垒球一只（或小橡皮球），高尔夫球一只，同样大小的两张纸，高处的平台（楼上的窗口阳台等）。

实验：垒球和高尔夫球同时落地。

看清下面没有人，同时握住两只球并同时松手，两只球将同时碰到地面，即使高尔夫球要轻一些。重力对各种物体的作用是一样的，无论其形状、大小或重量。

实验：平展的纸受到的空气阻力要大些。

把一张纸揉成小球，并将其与另一张平整的纸一同向下放，纸球的下落要快得多，即便它们的重量是相同的。这是因为空气阻力作用于下落物体。

知识延伸：

把一只球水平抛出去而另一只球同时在同等高度上自由下落，两只球碰到地面的时间是一样的，而水平抛出的球在水平方向上多运动了许多。水平运动改变不了物体下落的速度。水平扔出的球在水平运动的同时也在下落，而且其下落速度与自由落下的物体是一样的。

降落伞

操作难度：★★

实验方法：

本实验需要的材料有：手帕，4根绳子（20～25厘米），重物（中等大小的铅坠等）。

把绳子拴在手帕的4个角上。从中心抓起手帕并把4根绳子拉齐，它们应是一样长短。把4根绳端拴在重物上并打个结。把手帕从顶部开始向重物端折叠，并把绳子缠绕在卷好的手帕上，把伞叠起来以减少空气阻力。

这样手绢就成了一个小包，把这个小包向上空扔去。向上扔的小包到达顶点时开始下落，这时降落伞会打开，物体慢慢落地。

当把小包向上扔去时，空气阻力很小。打开呈降落伞状后，空气阻力猛然间增大，并使下落变慢。

知识延伸：

这个实验说明空气阻力和物体的表面积有关系，物体的表面积越大，它所受到的阻力也就越大。

直升机

操作难度：★★

实验方法：

本实验所需要的材料：纸条（约5厘米宽，10厘米长），胶带，剪刀。

可用纸条做直升机。将纸条纵向对折，在一端折10次，用胶带将折叠固定住以增加重量。在另一端，沿中间折线剪开约10厘米，并使剪开部分外翻折叠形成两个小翅膀。直升机就做成了。

从高处或你的头顶上方放下这个小直升机,该物将不断旋转,并慢慢降落到地面。

知识延伸:

折叠的部分增加了重心,而流过翅膀的空气使之旋转,并使下落速度变慢。直升机也叫"螺旋桨飞机"。直升机降落时会不断旋转。

光电小实验

静电喷泉

操作难度：★★

实验方法：

在桌子上面放一块塑料板，板上再放一只装满水的白铁皮桶。取一根尖嘴玻璃管（尖嘴直径约0.3毫米），平的一端插入橡皮管中；将橡皮管灌满水后，橡皮管的另一头放入白铁皮桶内的水中，利用虹吸现象，一股水流即从玻璃尖嘴中射出。

再用导线将白铁皮桶连接到感应起电机的一个电极上。接着，摇动感应起电机。这时就可以看到从玻璃管的尖嘴处射出一股美丽的"喷泉"——"静电喷泉"。

这时，如用灯光照射，效果会更好。如果你不停地摇动感应起电机，并请别人用一支点燃的蜡烛火焰去烧尖嘴前的水流时，"喷泉"顿时消失而又成为一股细水流；当点燃的蜡烛从水流旁移开时，水流就又变成"喷泉"了！这是怎么一回事呢？

知识延伸：

由于静电感应，使桶和桶内的水都带上了大量电荷（设此处为负电荷），当水由尖嘴中射出时，由于同性电荷互相排斥，水滴流也会排斥，这样就形成了向四周散开的喷泉。

火焰会把空气分子电离成许多正离子，再与水中的电荷相互中和，"静电喷泉"便随之消失。

报纸生电

操作难度：★

实验方法：

把一张干燥的报纸铺在塑料贴面或有玻璃板的桌面上，用一小块化纤织物用力地在报纸上摩擦半分钟，使报纸带上大量电荷。把一块食品罐头上的圆铁片放在报纸中央，然后用双手把报纸提起来。这时，不论是谁，只要用手指很快地接近圆铁片，在指尖和圆铁片之间就会产生一个美妙的火花。

改用尼龙布和羊毛织物做同样的试验，可以比较出哪种物质能使报纸积累更多的电荷。

在干燥的天气里，用一张烘烤过的干报纸来做这个试验，效果最好。甚至可以产生3厘米左右长的火花。

知识延伸：

这就是摩擦起电现象。任何物体都是由原子构成的，而原子由带正电的原子核和带负电的电子所组成，电子绕着原子核运动。在通常情况下，原子核带的正电荷数跟核外电子带的负电荷数相等，原子不显电性，所以整个物体是中性的。原子核里正电荷数量很难改变，而核外电子却能摆脱原子核的束缚，转移到另一物体上，从而使核外电子带的负电荷数目改变。当物体失去电子时，它的电子带的负电荷总数比原子核的正电荷少，就显示出带正电；相反，本来是中性的物体，当得到电子时，它就显示出带负电。

静电除尘

操作难度：★★

实验方法：

取一直径约5厘米，长约30厘米，两端开口的玻璃圆筒。用铝芯导线在圆筒外面等间隔地绕上15～20匝。取一根将近30厘米长的直裸铜丝，一块面积比圆筒口略大的硬圆纸片。

在圆纸片中央开一个直径略小于铜丝外径的小孔。让铜丝穿过小孔，把圆纸片盖在玻璃筒上，并使直裸铜丝处于玻璃筒的轴线上。

把玻璃筒开口朝下竖直地固定在铁架台的水平夹子中。然后把铝芯导线和铜丝的一端，分别接到感应起电机的正、负极上。

再找一小块废橡胶，轻轻按在图钉的针尖上。先用火柴将橡胶点燃，然后吹灭，再把它移到玻璃筒的下端，使冒出的白烟冉冉上升到玻璃筒中。待白烟充满玻璃筒后，摇动感应起电机，顷刻之间筒中白色的烟雾就消失了。

让起电机两极接触放电。再把圆纸片剪成1厘米宽的纸条，放回圆筒上端口，仍使直裸铜丝处于玻璃筒的轴线上。摇动起电机，你可发现，尽管橡胶仍然在冒白烟，看不到有白烟从玻璃筒的上端开口冒出。这就是"静电除尘"现象。仔细观察可以发现，原来干干净净的玻璃筒内壁上，积聚了斑斑点点的灰尘。

知识延伸：

以煤为燃料的工厂、电站，每天排出的浓烟带走了大量的煤粉，不仅浪费燃料，而且还造成了严重的环境污染。利用静电除尘原理，使烟囱里的煤粉带负电，吸附到带正电的烟囱内壁上，这样排出的烟就清洁了，收集起来的煤粉还可再利用，真是一举两得。

奇妙的闪光

操作难度：★★

实验方法：

把钢笔笔杆的尾部在头皮上用力摩擦几下，就能吸起桌上的小纸片。这是由于摩擦起电的缘故。可你是否想过，带电体为什么能吸引轻小物体呢？原来，当带负电的笔杆靠近时，小纸片上离笔杆近的一端会出现正电荷，而远的一端会出现负电荷，这种现象叫静电感应。

由于正、负电荷相互吸引，小纸片就被吸到笔杆上了。其实，利用摩擦起电和静电感应不仅能吸引轻小物体，而且还能使日光灯管一次又一次地发出明亮的闪光呢。不信？好，我们就来做这个实验吧。

桌上平放着一块面积较大的"塑料王"平板，用一块丝绸紧贴平板表面用力摩擦多次，再将一个带有绝缘柄的圆形铝板平放到平板上。手握8瓦日光灯管的一端，将灯管另一端的两个金属接线柱接触铝板，日光灯管便发出明亮的闪光。然后，左手握绝缘柄提起铝板，右手用同样的方法使日光灯管下端接触铝板，日光灯管又一次发出明亮的闪光。

奇妙的是，不必再用丝绸去摩擦平板，只要把铝板再次平放到平板上，将日光灯管下端的接线柱接触铝板，就发出一次闪光；接着再一次提起铝板脱离平板，将日光灯管下端的接线柱接触铝板，就会又发出一次闪光。如果房间里空气干燥，日光灯管就可闪光好多次。

知识延伸：

平板和铝板的表面都很粗糙，铝板虽然平放在平板上，但除了为数很少的点相互接触外，其余的都处于未接触状态。平板经丝绸摩擦后带负电，由于塑料的绝缘性能极好，平板上的电荷之间能相互绝缘。这样，就使铝板靠近平板的一面感应出正电荷，而装有绝缘柄的一面感应出负电荷。

当日光灯管的下端接线柱碰到铝板时，灯管两端的电压高达几千伏，日光灯导通，就发出明亮的闪光。当铝板上的负电荷通过灯管和手全部流入大地后，闪光便停止。此时铝板靠近平板的一面仍带有正电荷。提起铝板后，由于远离了平板，感应现象消失，铝板上的正电荷使和它接触的日光灯管两端仍有几千伏电压，再次导通发出闪光，直到正电荷全部流入大地。当铝板再次平放到平板上时，由于静电感应，铝板的两面又出现了正、负电荷，于是上述过程又可重复发生。

日光灯闪光时两端有几千伏特电压，人会有危险吗？不会。由于通过人体的电流很小，握日光灯管的手并没有什么异样的感觉。你可做一个简单的实验试试。

拿一个玻璃杯在火炉上烘一会儿后放在桌子上，玻璃杯上放一块金属板（找个易拉罐，剪开后压平就可用了），把一个吹得鼓鼓的气球在毛衣上使劲摩擦几下后放到金属板上。现在，请你伸出食指，当食指离金属板边缘1~2厘米时，便有火花闪现。这火花释放了也带有几千伏高压的电荷，可你并没触电的感觉，对吗？

变动为静

操作难度：★★

实验方法：

用一盏8瓦的日光灯，从正面照射一台已卸下了安全罩的三叶台扇，使叶片的影子投射在白色的墙上。接通电源，当电风扇的转速增大到一定值时，墙上便出现了六个静止不动的叶片影子。奇怪，明明是三个叶片在快速旋转，为什么墙上会有六个叶片的影子，而且是静止不动的呢？

知识延伸：

当人眼所观察的画面或物体消失时，画面上的情景还能在眼睛中保留0.04秒时间。这种现象叫眼睛的"视觉暂留"。电影放映就是利用人眼的视觉暂留现象，使得静止的胶片上的画面，在人眼看来是连续变化即运动着的。

日常所用的日光灯，每秒钟闪光 100 次，由于相邻两次闪光的时间间隔很短（0.01 秒），所以我们平时感觉不到它在闪光。但是，当日光灯照到正在快速旋转的电风扇叶片上时，情况就不同了。如果每一片叶片在 0.01 秒时间内刚好转过 60°角，那么，当叶片 1 的第一个影子在人眼中消失的同时，其第四个影子已在墙上出现，而与此同时，与叶片 1 成 120°角的叶片 2 的影子又恰好落在叶片 1 的第一个影子的位置上。6 次闪光后，叶片 1 回到了原来的位置。如此周而复始，就在墙上形成了六个看起来静止不动的叶片影子。

看来，奇妙的视觉暂留既能"变静为动"，又能"使动变静"。如果我们稍作计算，还能发现变动为静现象出现的规律：叶片每隔 0.01 秒转 60°角，其转速为 1000 转/分，而日光灯每秒闪光 100 次，1 分钟就闪 6000 次，它正好是电扇转速的 6 倍。进一步的研究证明，只要每分钟闪光的次数和转速相同，或是转速的整数倍，就能观察到这种被称为"频闪效应"的变动为静的现象。

现在，让我们增大台扇的转速，此时，你可发现墙上的六个叶片影子也跟着叶片同方向慢慢地旋转起来。如果减小台扇的转速，那么影子缓慢转动的方向就和叶片转动的方向相反。利用这一现象，可以做一个有趣的小实验。

从稍硬的白纸板上剪一个直径为 5 厘米的圆盘。在圆盘上画内、外两个圆环，并在内环上画 8 个大小相等黑白相间的扇形，在外环上画 10 个大小相等黑白相间的扇形。用针尖在圆盘中心刺一个小孔，再插上一根火柴梗，就做成了一个纸陀螺。在日光灯照射下，用手指捻动火柴梗，使纸陀螺在桌面上快速转动。一开始你看到的圆纸盘是呈单一的灰色的，过一会儿，你就会发现圆纸盘上的内环和外环沿两个相反的方向在旋转。为什么会出现这种现象呢？

其实，这也是一种频闪现象。当圆盘转速为 25 转/秒时，内环看起来是不动的；转速高于 25 转/秒时，内环便正转，即与圆盘实际转向一致。转速低于 25 转/秒时，内环便反转。对外环来说，转速为 20 转/秒时，它看起来是不动的；转速高于20转/秒时，它便正转。显然，当圆盘的转速在20～25转/秒时，就会出现外环正转、内环反转的奇妙现象了。

还可利用电视机的屏幕来观察一些有趣的频闪现象。打开电视机，将频道转换开关置于空频道位置，适当增大亮度，减小对比度，使电视机屏幕呈现一片乳白色。这时电视机屏幕的光，就是每秒钟闪动一定次数的闪光。

在屏幕前5厘米左右，竖直放一张用一段细竹和一根橡皮筋做成的弓。左手持弓，用右手手指拨弄橡皮筋，你就能从屏幕上看到橡皮筋振动时的波形。改变橡皮筋的松紧程度，再拨弄它，你可看到橡皮筋弯曲得很厉害，而且似乎静止不动了。但事实上，它仍在振动，而且一秒钟内要振动很多次。

取一根废锯条，对折成两段，两段锯条的下端夹一根螺丝钉并用一根橡皮筋扎紧，做成一个简易音叉。用左手捏紧音叉下部，将音叉竖直放在离屏幕5厘米左右处。用右手拇指和食指捏紧两段锯条的上端，然后一放，锯条就振动起来，此时你看不清锯条的端部。稍微移动一下螺钉的位置，再使锯条振动起来。反复试验几次，你会发现，当螺钉在某一位置时，振动的锯条上端不仅清晰可见，而且还静止不动。平日里以宁折不弯而闻名的锯条竟变得弯弯曲曲了。

更有趣的是，让一个由一颗钮扣和一根棉纱线做成的单摆，在电视机屏幕前3厘米左右处来回摆动。此时，你会发现这根线在好几个位置上都显得很清晰，好像有几根线一样。如果把线的另一端打一个活结，套在钢笔套上，然后右手握笔，使摆在竖直面内转动。此时，你又可看到几十颗钮扣和几十根线分布在一个圆圈内。

显然，在闪光的照射下，快速运动的物体在人的眼睛中成了断续动作的物体。

铁钉变磁铁

操作难度：★

实验方法：

找一个3~4寸长的铁钉，把它放在火上烧红，再把它捂在沙里慢慢冷却，这叫退火。待铁钉凉透之后，把它靠近大头针，它对大头针没有一点儿磁力。然后，你左手拿着铁钉，一头对准北方，另一头对准南方，右手拿起木块，在钉头上敲打7~8下，你再把铁钉放进大头针盒里，它就能吸起一些大头针了。这说明，就这么敲打几下，铁钉磁化成磁铁了，虽然它的磁力不大。如果把它朝东西方向放好，再敲几下，它的磁力又会消失。

知识延伸：

铁钉没磁化前，它内部的许多小磁体，杂乱无章，磁力相互抵消，所以没磁力。你把铁钉朝南北方向放好，敲打它，内部的小磁体受振，在地磁的作用下，就会规矩地排列起来，铁钉就有磁性了。当你把铁钉朝东西方向放好，再敲打时，铁钉内部的小磁体又会变得乱七八糟，所以铁钉又没有磁性了。

使磁性加强

操作难度：★

实验方法：

找两段约50毫米长的钢锯条，让它们吸在磁铁的同一磁极上，用锤子对其中一段猛击几下（钢锯条不能离开磁极），然后取下锯条，分别来吸小铁钉。结果，经过敲击的锯条，磁性明显增强。

另取两段锯片，也吸在磁铁的同一磁级上，将其中一段（不离开磁极）

放在蜡烛火上加热半分钟,然后移开。用这两片锯条来吸小钉,显然,加热磁化的锯条,磁性大大加强。

知识延伸:

加热、敲击,都能使分子"活跃",因而在磁化时更容易在外强磁场作用下排列整齐,所以磁性就增强了。

手指变多

操作难度:★★

实验方法:

一只手有5根手指,但这个实验可以突然使你的手指"多"起来。你相信吗?实验方法是在晚上打开电视机,然后把屋子里的灯都关掉,只剩下电视机发光。张开手的五指在电视机的屏幕前快速地晃动,这时你会发现手上的手指变多了,可能是6根,也可能是7~8根,手掌晃得越快,手指的数目越多。

这个实验也可以在屋里只有日光灯照明的情况下做。以白墙为背景,晃动你的手指,可以有同样的效果。在大街上对着只有日光灯照明的橱窗做这个实验效果更好。

上述实验中,也可快速晃动一根细木棍,你可以看到木棍像打开的一把扇子,手握处是扇子轴所在地方。

如果在阳光或白炽灯下做这些实验,就看不到如此的效果,这是为什么?

知识延伸:

这个实验向我们揭示了一个秘密:电视屏幕和日光灯发出的光是闪烁的,电视屏幕在1秒中要闪烁50次,也就是亮灭50次;日光灯则在1秒中亮灭100次。

平时我们在日光灯下看书或其他静止的物体时，没有闪烁的感觉是因为人的眼睛有视觉暂留，我们看到的东西可以在眼睛的视网膜上保留0.1秒左右，在日光灯灭了的一瞬间，我们的视网膜上还保留着前面亮时的痕迹，灯亮后被看的东西还在同一个地方，所以我们不会感觉到灯光的闪烁。

简易验电器

操作难度：★★

实验方法：

准备一个瓶子，一根金属线，一把塑料梳子，一些薄而软的箔条。

将金属线弯曲，挂在瓶口上；将箔条弯曲后挂在金属线上。然后，用力将梳子在羊毛织物或皮件上摩擦，再将梳子触到金属线上，箔的两端会张开。

知识延伸：

梳子因摩擦而带电，当它接近金属线与箔条时，就产生感应电场。因箔条的两端带有相同的电荷，互相排斥，因此两端会张开。

不过，如果空气湿度较高，这个实验就会不成功。将各种材料在烘箱中烘一会儿，就可以做了。在有空调的房屋里，或者冬天有暖气的屋里较容易进行。

箔条是用镀铝的薄膜制作的，镀铝的一面必须与金属线接触。

火柴"点"电灯

操作难度：★★

实验方法：

人们常用火柴点燃油灯、蜡烛、煤气灶等。其实，还可以用火柴"点亮"电灯。

取一支长约10厘米的普通铅笔，用小刀细心地将其木质笔杆剖开。小心，别割破了手。取出铅笔芯，用导线把它和一节1.5伏的干电池、一只额定电压为2.5伏的小电珠串联成电路。为了保证接触良好，可把干电池、小电珠放在焊有引出导线的电池盒和装有接线柱的灯座上。连接铅笔芯的导线应在笔芯上绕3~5圈。

先把和小电珠相连的一根导线沿铅笔芯移到和另一根导线相距1厘米的位置上，此时小电珠较亮。然后，向远离另一根导线的方向缓慢移动第一根导线，可以看到随着两根导线间距离的增大，小电珠逐渐变暗。等小电珠刚好熄灭时，就停止移动导线。

现在，划燃一根火柴，并用火柴的外焰加热两根导线之间的铅笔芯。你可以发现，随着铅笔芯温度的升高，本来已熄灭了的小电珠逐渐变亮了。火柴熄灭后，它又慢慢变暗，直至熄灭。

知识延伸：

铅笔芯是一种导体，其电阻随着长度的增加而增大。当两根导线间的距离增大时，电路中的电流强度减小，小电珠变暗，最终熄灭。但是，导体的电阻还和温度有关。对一定长度的铅笔芯来说，温度越高，电阻越小。

当用温度很高的火柴外焰加热铅笔芯时，电路中的电流强度又由小增大，导至小电珠由暗变亮。火柴熄灭后，铅笔芯温度降低，电阻增大，使小电珠重归熄灭状态。

对金属导体来说，温度升高，电阻增大。所以，火柴不仅能"点燃"电灯，还能"熄灭"电灯呢！

找一只已不会亮的100瓦白炽灯泡，敲碎玻璃，取下其中的灯丝。把灯丝小心地接在接线板的两个固定接线柱上。再用导线把它和一节1.5伏的干电池、一只额定电压为2.5伏的小电珠串联。此时，小电珠发光。

划燃火柴，用其火焰顶部加热灯丝。你会发现，随着灯丝温度升高，小电珠逐渐变暗，直至熄灭。火柴熄灭后，小电珠又重新变亮。

温度对金属导体电阻的影响确实是很大的。以常用的40瓦白炽灯中的

钨丝为例，不通电时电阻约 110 欧姆，加上 220 伏电压，正常发光时电阻是 1200 欧姆左右，相差 10 倍以上。当温度降低到接近 -273℃ 时，电阻甚至会消失。这就是人们常说的"超导"现象。

旋转的铝片

操作难度： ★★

实验方法：

在软木塞中心反插一枚缝衣针，另外找一块平整的薄铝片或铜片，把它剪成圆形。小心地把圆片的圆心放在针尖上，使它保持平衡，并能沿水平方向转动。用一根一尺半长的细线，系住一块磁性较强的马蹄形磁铁，把它挂在离圆片的中心很近的位置，把磁铁拧转 30 圈左右后松开手，磁铁旋转起来，下面的圆片也沿磁铁旋转的方向滴溜儿旋转起来了。

知识延伸：

磁铁旋转的时候，铝片受到旋转磁场的作用，产生感生电流，同时感生电流本身也产生磁场。磁铁的磁场与感生电流产生的磁场相互作用，结果就使铝片受力而转动起来。

在液体中放电

操作难度： ★★

实验方法：

为了勘探海底石油资源，石油勘探工人利用在液体中放电作震源，使强大的冲击波传到海底下几千米甚至上万米，通过对接收到的反射波进行计算处理，便可了解海底的地质构造情况。下面这个小实验可让你观察到在液体中放电的现象，并了解它的威力。

动手动动脑

取一个壁较厚的大口玻璃瓶，盛上3厘米高的蓖麻油或机油。取两个各焊有一根铜芯导线的鳄鱼夹，各夹一根缝衣针。

把鳄鱼夹的头部浸入油中，使两针尖间隔1～2毫米。夹子通过导线固定在干燥的塑料板或厚纸板下。为固定方便，焊在鳄鱼夹上的导线宜粗一些，或在厚纸板的小孔中再穿一支毛笔笔杆，用细线把导线缚在笔杆上。

现在把两根导线的另一端分别与感应起电机的两极相连。转动起电机，两极间的电压可达2万伏。这时，在油中的两根针尖之间出现了明亮的闪光，同时发出清脆响亮的爆裂声，随即在针间的油中浮起一个气泡。

这就是在蓖麻油中的放电现象。继续转动起电机，放电便连续发生，气泡也不断产生。把厚壁的大口玻璃瓶换成薄壁的烧杯，并使针尖靠近杯壁放置。针间放电时就会把烧杯壁震裂。原来，当电压足够高时，两根针尖间的蓖麻油由绝缘变成导电，而且在很短的时间被迅速加热，强烈膨胀；由于液体是几乎不可压缩的，因此就对周围物体产生很大的压力，造成较强的破坏。

知识延伸：

人们从水中放电现象得到启示，想到了用在水中爆炸的方法来修复被碰瘪的水壶。

铝制水壶在使用中很容易碰瘪，由于一般水壶的口都较小，碰瘪后不易修复。现在简单了，买一个像筷子粗细、长约4厘米的鞭炮。把要修复的瘪壶灌满水，注意，水一定要灌得满满的。找一张比壶口大一些的厚纸片，在纸片中心开一个直径比鞭炮略小一些的孔，把鞭炮紧插在孔里，使纸片的位置靠近鞭炮有捻的一端。把水壶放稳在地上，把插好鞭炮的纸片放在壶口上。注意，要让鞭炮的1/2～2/3浸在水中，但别让炮捻沾上水。迅速擦燃火柴，点着炮捻，随着"嘭"的一声爆炸声，瘪水壶就修好了。

如果水壶瘪得程度较轻，用一个较小的鞭炮就可以了。对瘪得严重的水壶，用两个3～4厘米长的鞭炮，爆炸两次，一定可修复。如果一时没有瘪水壶要修，可找一个用过的易拉罐，敲瘪一处，试试看效果如何。

也许有的同学要问，能不能用"水中放电"来修复瘪水壶呢？从理论上来说，能。但请你们别这样做。因为水是电的良导体，在水中进行放电，需通过高压电容和特殊的开关等装置进行，这是你们现有的实验条件难以办到的。即使把水换成蓖麻油，从操作方便和实际效果上来说，也还是用鞭炮在水中引爆的方法好。

巧认旋转的字

操作难度：★★

实验方法：

用卡片纸剪一个直径30～40毫米的圆片，上面写上你的姓，把玩具电动机轴插过圆纸片的中心，用一节电池使它高速转动。不管在阳光下还是灯光下（包括日光灯），你是无法看清圆纸片上的字的。

但是，你把电视机放在空频道上，并用深色布遮住上面大部分屏幕，下部只留约10毫米宽的窄缝时，在窄缝屏幕光的照射下，只要用手指摩擦电动机轴，调节转速到一定值时，就能看清楚圆纸片上的字了。有趣的是，字看上去是静止不动的。

知识延伸：

原来，电视机的屏幕光，是一种频率为每秒50次的闪光，遮掉大部分屏幕，就使每一次闪光的持续时间变得极短，这就使字在眼中的映像不致因"视觉暂留"所模糊，只要圆纸片的转速和闪光频率一致，字看上去就是不动的了。

水果发电

操作难度：★★

实验方法：

取一个熟一点的苹果，把一根铜丝和一把小刀插入苹果 2～3 厘米深处，使铜丝和小刀相距 1 厘米左右，不要相碰。

把耳机引线的一头接到铜丝上，另一头跟小刀断断续续接触，你就会听到耳机里发出"喀喀"的响声。

放下耳机，另取两根导线分别和铜丝、小刀相连，再把它们的另一头放到你的舌头上，但不要让它们相接触。这时，你的舌头就会有异样的感觉。这分别证明苹果产生的电流通过了耳机和你的舌头。

把苹果换成西红柿、柠檬，重复上述实验，你可发现它们都能产生电流。

你可能会说："这么小的电流，连小电珠都点不亮，不带劲。"那好，咱们来做个大电池，把小电珠点亮。

取 12 个大一点的土豆，12 块锌片和 12 块铜片。锌片可用旧电池的外皮剪成。若没有铜片，可用细铜丝密绕在小木片上来代替。如果铜丝是漆包线，那要把漆皮刮净。在每个土豆上间隔 1 厘米插入一块锌片和一块铜片。然后用导线依次把一个土豆上的铜片和另一个土豆上的锌片连接起来。

现在，把头尾两个接头接到 1.5 伏的小电珠上，你瞧，小电珠亮了。

知识延伸：

不仅水果、蔬菜能产生电流，连冷热温度差异也能发电呢。取两条粗一些的铜丝和一条铁丝，长度 30 厘米左右。刮净每条铜丝两端的绝缘漆，然后把铁丝的两端分别与两根铜丝的一端紧紧绞接在一起。用导线把两根铜丝的另一端，分别与灵敏电流计的两个接线柱相连。

然后，把铁丝的一个接头放到盛有冰水混合物的烧杯里，保持低温；

另一个接头放到酒精灯的火焰上加热,升到很高的温度。这时,电流计的指针发生明显的偏转,说明电路中产生了电流。

这一现象引起了科学家们极大的兴趣,进一步的实验证明,产生的电流大小与连接的两种金属的性质,以及两个连接点的温度差有关。因此,这种现象很快被用来测量温度,做成了灵敏度极高的温度计。科学家们还在研究利用海洋表面和深层的温度差建设温差发电站呢。

有趣的是,如果把电流计换成电池组,两根铜丝的另一端通过导线分别与电池组的两极相连。那么,原来热的接头就会放出热量,温度降低;原来冷的接头就会吸收热量,温度升高。这一现象已被科学家们用来制成致冷器。

十里停车场

操作难度:★★

实验方法:

在白板纸上画一展开图,剪下来折叠粘成一个小方盒,小方盒两侧的上沿各挖一个小观察孔,在观察孔与相对一面,各镶入一面小镜子,镜子长度要与盒体相同,镜子宽度稍低于盒体,上面留出观察孔来,在盒内不装镜子的两侧,贴进两条纸,纸上画大窗户图样,用彩色粉笔头雕刻两辆小汽车模型,也可以用纸折粘两个小汽车模型,将小汽车模型粘在方纸盒里,在纸盒的开口顶面,平粘一块半透明纸,十里停车场便做成了。把半透明纸对着有光亮的地方,使光线透入盒中,用一只眼从小观察孔向盒里看去,你会发现一个令你惊奇的场面,小小的纸盒里变成了一个望不到头的大停车库,两辆小汽车模型变成了十几辆,简直深远得难以置信。

知识延伸:

平面镜的反射、折射作用,是常见的,可是两面镜子平行相对地摆放,它们就要互相反射,将镜中的物体影像不断地重复出来,给人造成深远的感觉，这就是镜像迷宫的构成原理。

头发丝的影子

操作难度：★★

实验方法：

太阳光下，粗大的电线杆子可以形成清晰的影子，比较细的铅笔也有自己的影子，一根头发丝呢？很可怜，却留不下影子。

晚上，你拿一根头发放在白纸上，走到白炽灯下，可以看到头发比较清晰的影子。而走到日光灯下，头发的影子就非常模糊了。白炽灯和日光灯的差别之一，就在于发光面积不同。

白炽灯只有灯丝发光，可以看作一个点光源，而日光灯却是整条灯管发光，发光面积比较大。太阳也是发光面积大的光源，所以无法给头发留下影子。

知识延伸：

请你想个办法，使头发在太阳光下也能现出清晰的影子来。有两个办法：

1. 使用凸透镜，把平行的太阳光聚合在一点，以这个小光点为光源，就能照出头发的影子。

2. 拉上玻璃窗前的窗帘，在两片窗帘之间留一个洞，只让一束太阳光线射进来，这样，也可以把这一束平行光看作是点光源发出的。把头发放到这束太阳光下，就能看到清晰的影子。

针刺火柴

操作难度：★★

实验方法：

在一张桌子的角上，用厚书本竖立一根火柴，横卧一根火柴。

然后，手拿一枚大针，伸直手臂，沿着火柴杆方向，用针去刺火柴头。经过几次对比试验后，你会发现：针刺竖立的火柴，容易刺中；针刺横卧的火柴，不容易刺中。转动厚书，使横卧的火柴，指向脸部，就更不容易刺中了。

再闭上一只眼睛试试，准确性更差了。

知识延伸：

视觉的立体感是由双眼的"视觉差异"产生的。人的双眼在一条水平线上，对竖立火柴的视觉差异大，立体感强，容易判断火柴的位置，自然容易刺中火柴；对横卧火柴的视觉差异小，立体感弱，难以判断火柴位置的远近，就不容易刺中。闭上一只眼睛，双眼视觉差异消失了，所以就更难刺中。

奇怪的酒杯

操作难度：★★

实验方法：

拿一个高个的细酒杯。取出一张1寸小照片，剪去边角放入杯中。再找一个与照片大小差不多的凸透镜片，也放入酒杯中。

凸透镜凸面朝上，照片有人像那一面也朝上。这时，你端起酒杯，会发现杯底里什么也没有。（只有凸透镜，看不到照片。）请问，这是为什么？

现在，用一个透明塑料袋装水，放入酒杯中，再往杯底看。这时，你将看到照片上的人像。请问这又是为什么？

塑料袋只是为了防止水把照片弄湿，也可不用。

知识延伸：

利用光学原理，就可以破解上述杯中之谜。因为通过透镜看照片，照片与透镜的距离必须比焦距短，才能看到放大的虚像。原来在这个酒杯里，凸透镜焦距很短，只有4毫米，照片与透镜的距离比焦距长，就看不到照片的像了。

酒杯里倒进水或酒以后，水或酒与凸透镜形成了一个凹透镜。这样，酒杯里就有了两个透镜，一个是玻璃凸透镜，一个是水或酒形成的凹透镜。这两个透镜组成新的凸透镜，焦距拉长了，比如说达到5~6毫米，这时，通过透镜就看到了照片。

杯底硬币

操作难度：★

实验方法：

将一枚硬币投入装水的玻璃杯。你先把头摆正，用双眼看，就会感到硬币处在与它的实际深度不相符的地方。你所看到的硬币的水平距离是不是也发生了变化？

如果你用一只眼睛看，情况是不是一样？为什么？

知识延伸：

杯底硬币发出的光线射出水面时，在水和空气的分界上发生折射，折射线偏离原来射出的方向而靠近水面。观察者感觉到的物体位置，是进入双眼的两束光线的交点。因此，你会误认为光线是在比实物高的某一位置发出来。

用一只眼看时，只要方才两眼处于相同高度，情况一样。但是，如果把头向左或向右偏转一个角度进行观察时，则你所感觉到物体的位置，不仅比实际位置高，而且还向你移近了一些。

当你选择某一合适的角度（从水面斜上方）去看装有硬币的玻璃杯时，在水面上可以看到硬币的像。如用干手紧贴玻璃杯外壁，则水面上的硬币没有什么变化；如果换一只湿手，则像就消失了。

原来，杯底硬币发出的光线，一部分在对面的杯壁上发生反射，而其中又有一部分改变方向向上，再在水面发生折射。这样，只要你左某一角度观察硬币，就能在水面上看到硬币的像。

湿手紧贴玻璃杯外壁时，手和杯壁间隙被水填满。因为水的折射率和玻璃近乎相等，所以，硬币的光线几乎全部没有反射，在水面上也就看不到硬币的像，当干燥的手贴杯壁时，对于内部的影响很小，水面上仍有硬币像。

弯曲光线

操作难度：★

实验方法：

把糖块放到盛有很多水的玻璃容器中，不加搅拌，一股很细的强光束水平地射入容器后，被折向容器底，而后又从底面反射向上，不断地弯曲，最后又水平地射出容器侧壁。

光向来都是直线传播的，为什么会弯曲呢？

知识延伸：

糖块放入水里后，一时来不及溶化。容器底部的糖块积得最多，折射率的改变自然也最大。这样，就造成深度不同折射率不等的情况。

细光束进入容器后，据折射定律可知，光线偏折向下。由于折射率随深度变大，故而越往下，光线弯曲得越厉害。当光线抵达底部后，又被反射向上，再次不断地被弯曲，但是弯曲得越来越慢。

大家动手试一试，这个实验很简单，怪有趣的，不是吗？

有色的霜

操作难度：★★

实验方法：

在寒冷的冬天，窗户上常有霜。霜是水的结晶体组成的。如果在窗台上有一个霜溶化后形成的小水坑。当你注视水坑时，会发现水坑上玻璃窗霜图案的映像居然有颜色。冰晶体仍是无色的，请问，它在水中的像会有色吗？

为了看见玻璃窗上霜的颜色，你可在被霜覆盖的玻璃两边各放一块偏振片。为什么这样就能看见颜色呢？

知识延伸：

之所以会出现上述情况，是因为冰是一种双折射材料。大家知道，双折射材料中有一个快轴和一个慢轴。如果光平行于慢轴偏振，则折射率较高；如果光平行于快轴偏振，则折射率较低。当射出的光线碰到一块偏振片时，它能否穿过偏振片，这是由光的偏振轴和滤光片的偏振轴的相对取向决定的。

双折射材料对光偏振的影响取决于三个因素：沿快轴的折射率、材料的厚度和光的波长。如果让白光通过双折射材料及其两侧安放的滤光片，虽然白光是直接射入第一块偏振片的，但由于又透过第二块偏振滤光片，因而能看见的只是某些波长的光。如果转动两块偏振片或双折射材料，则从第二块滤光片发出的颜色会变化。

因此，在被霜覆盖的玻璃两侧各放一块偏振片时，所有具有合适厚度的取向的晶体都会引起颜色的变化。不过，光轴和视线平行的晶体不会产生颜色，因为这一晶体不会发生双折射现象。

通过水坑而不是通过偏振片，为什么也可看见霜的颜色呢？这是因为，从天空来的散射光可能发生强烈偏振。如这样的光照射窗子，就不需要用第一块偏振滤光片。若光通过霜，然后从水坑中反射，就能起到第二块偏振滤光片的作用，因为反射能引起偏振。

这样，当你注视窗台上霜溶化成的水坑时，就能看见水坑上方玻璃窗上的霜抹上了色彩。

热咖啡

操作难度：★★

实验方法：

当阳光几乎水平地照射满杯的热咖啡时，咖啡表面呈现出以暗线为轮廓，看上去灰蒙蒙的一些多边形，这种图案也能在其他蒸发着的流体中，以及在大气流和海洋环流中见到。

这种几何图案是怎样产生的？

知识延伸：

咖啡杯里的图案，是由热水从杯底上升到表面，冷却后又回到底部的环流形成的。在上升的热水上面，有凝结的小水滴被液体表面的蒸汽压支托着。

因为液面的蒸汽压不能支托大水滴，而较小的水滴又会迅速蒸发，所以在液面上蒸汽压所能支托的水滴大小，基本上是一致的。在下降的冷水区域上，则没有这样悬浮着的水滴，所以呈现清晰的表面，由于咖啡是暗色的，所以这些区域也是暗色的。我们在液面上见到的是上升的热水区域上的水滴的斑纹。

如果用显微镜观察上升的热水区域，就会发现：它们好像由密集着的水滴层组成。水滴的密度与液体的蒸汽压和空气中的凝结中心的数目有关。例如，污染大气中的凝结中心较多，所以形成的水滴也较多。

那么，水滴是不是带电的呢？

如果用夹布胶木、塑料梳子梳头发（或一段毛线），梳子就带电。不管梳子带正电还是带负电，一旦靠近水滴后就破坏了明亮的热水上升的区域。

这说明，水滴是带有电荷的。

在明亮的白光照射下，水滴很快显示出迅速变化的各种美丽色彩。产生这些颜色的光散射，称为高阶丁铎尔散射。

这种散射的情况比较复杂。因为水滴的大小和可见光的波长差不多，约为1微米，介于能产生虹的大水滴和形成天蓝色的小水滴之间。

查颜观色

操作难度：★

实验方法：

吃过一颗糖，把包糖的红玻璃纸蒙在眼睛上向外一看，啊！整个世界都染红了。太阳用红色光线照耀着大地，而沐浴在红色光中的绿树叶却变成黑色的，闪着异样的光；如果再把一张绿色玻璃纸蒙在眼睛上，世界又变了样：绿色退了一点颜色，显得很亮，而红色的花朵变成黑色，几乎消失在灰暗的背景里。

找两支彩色铅笔，一支红的，一支绿的，要与玻璃纸的颜色尽量一致，在一张白纸上轻轻地写两行字，字迹不要太深。用红色笔写"我是中国人"。用绿色笔写"我是美国人"。当你用绿色玻璃纸看时，纸上写着一行黑字"我是中国人"；而用红色玻璃纸看时却变成了"我是美国人"的黑色字。

知识延伸：

这个小实验能否做成功的关键是玻璃纸的颜色要浓，一张不够可以几张叠起来用，另外，字迹要写得淡一点。彩色玻璃纸是一个光的筛子，红色玻璃纸只让红色光通过，绿色玻璃纸只让绿色光通过。科学上叫滤色片，用处很多。当我们透过绿色玻璃纸看白纸时，纸是绿色的，所以纸上用绿铅笔写的字看不清，而红色字反射出的红光穿不过来，因此呈现黑色。

滤色片在摄影中很有用，当你站在古老的长城上，想以蓝天的白云为背景照一张照片（指黑白的）时，其结果常会使你失望，因为照片上人物背景上是灰色的天空，白云跑到哪儿去了？有经验的人会告诉你在镜头前加装一片黄色的滤光片，这回你就会捉住漂亮的白云了。原来，天空和白云都是非常明亮的东西，射来的强光使底片充分曝光，所以分不出来。黄色玻璃可以削弱蓝天射来的蓝光，使天空变暗，白云就突出出来了。

俗话说："察颜观色。"颜色常常能暴露事物内在的本质。火焰越明亮说明它的温度越高；海水越蓝说明这个海域越深；树叶越绿说明树木长得越好。人造卫星的主要任务之一就是对地面"察颜观色"。例如，它能提前一周向地面报告棉田中发生了蚜虫病害，而此时，在地面上就是用放大镜也很难找到蚜虫的影子。原因是卫星发现棉田的颜色有点不对劲，通过对棉田颜色的分析断定有病虫害产生。

针孔眼镜

操作难度：★★

实验方法：

找两个直径30～40毫米的软塑料瓶盖。用烧红的针尖，在瓶盖中间扎一个小孔（直径约1毫米）。再在瓶盖两侧各扎两个小孔，用线穿起来就是一副眼镜。

戴上这副眼镜，便能看清楚周围的一切。奇怪的是，不管是300度、500度的近视眼，还是远视眼，戴上它都能看清楚物体。这是怎么回事呢？

知识延伸：

这是运用了小孔成像原理。当光线通过小孔后，不管光屏远近，成像总是清晰的。人眼睛的视网膜，就好像是个光屏，一般情况下近视眼的人，成像在光屏之前；远视眼的人，成像在光屏之后。成像不在光屏上，所以看不清楚。加了小孔之后，不管近视远视，都能在视网膜上成像了，所以看得清楚了。

虚幻的倒影

操作难度：★★

实验方法：

把门窗关上，使室内的空气稳定下来。在脸盆的盆底内铺上一层细沙，再在靠近脸盆的细沙上放一些硬纸做的房屋和树木。然后把脸盆放在有火的炉子上，等脸盆里的细沙发烫时，沿着盆沿仔细观察，你会看到在对面的盆沿上，有倒悬着的房屋和树木的幻影。

知识延伸：

这是光的折射造成的，沙面的一薄层密度较小的热空气使光线发生折射，沙漠中会出现"海市蜃楼"也是这个原因。

黑球变银球

操作难度：★

实验方法：

找一个大钢珠，把它放在蜡烛或煤油灯的火焰上烧，使钢珠表面熏上一层黑烟。另外做一个小盘，把钢珠放在盘上，然后吊放到瓶子里的水中。这时你再注意观察钢珠，竟变成了一个美丽的银球。多么奇怪的现象啊！

知识延伸：

这是因为钢珠表面有一层黑烟，使水不能浸润钢珠，而水的表面张力使水分子在黑烟外面形成一层水表面。这层水表面把射向钢珠的光线反射出去，这时人们只能看到反射的强光，于是黑色的钢珠就变成一个"银珠"了。

射线照相

操作难度：★★

实验方法：

如果你有一块夜光表，就能做一个利用放射线给物体照相的实验。

用包照相纸的黑纸，糊一个5厘米见方的小纸袋。在暗室中，从未曝光过的135胶卷上剪下3厘米长的一段。将胶片装入小纸袋内，用胶水封好口。

应特别注意不能让胶片曝光。然后，把小纸袋平放在书桌上，取一枚回形针平放在小纸袋的中央。再在回形针上面压上夜光表，表面要朝下。

这样放两三天后，再到暗室里把胶片从小纸袋中取出，进行显影、定影。你会看到胶片上有一个回形针的投影，这就是夜光表上的夜光粉放出的射线给回形针照的相。如果实验时能把表的有机玻璃面罩取下来，胶片上留下的回形针投影会更清晰。

知识延伸：

普通照相是利用自然光线使胶片感光的，而自然光是无法穿透黑纸的。但是，夜光表上的夜光粉里掺有微量的镭化合物。镭会自发地放射出一种人眼看不见的微粒，正是这种微粒组成的射线穿透了黑纸，使小纸袋内的胶片上留下了回形针的"倩影"。当年，正是由于包在黑纸里的胶片莫名其妙地被感光，才引起了科学家的兴趣和研究，最终发现了放射线。

夜光粉中的镭发出的微粒和夜光粉中的其他物质分子碰撞时，会产生微弱的闪光。由于这种碰撞极其频繁，所以这些间断的闪光看起来就像一个稳定的光源，但我们还是有办法从中看到频频的闪光的。

在暗室中，连红灯也别亮；或在晚上把卧室里的门缝和窗都遮得严严实实的。先让自己的眼睛适应这黑暗的环境，然后，把事先准备好的高倍放大镜（如修钟表人用的放大镜或显微镜、望远镜上的目镜），对准夜光表上的夜光粉仔细观察，你便会看到许许多多微弱的闪光，犹如在黑色的天幕中闪闪发光的焰火一般，煞是好看。每一次闪光都表明有一个微粒从镭原子核中放射出来。不论春夏秋冬、白天黑夜，这种闪光都不会停止。

立体观察器

操作难度：★★

实验方法：

你可以不花钱就做好一个立体观察器，它可使你的视觉表演一番特技。

用铅笔和尺子在一张薄纸板正中画上一个简单的十字框。框边应约长5厘米、宽1厘米多，掏空十字框，留下方纸板。

去掉十字框后，将纸板成直角立放在一张图画或照片前。眼睛向下，通过十字开口看图（拍摄的建筑物照片，效果最好），几秒钟后，平面图像变得具有立体感。如果你希望观看立体头像，这自制的观察器就能使你如愿以偿。

知识延伸：

请大家动脑筋想一想，这是什么道理？我们在前文中所讲解的光学知识就可以解释这个现象。本章的最后一个小实验的知识延伸就由大家自己来总结完成吧！

化学小实验
HUAXUE XIAO SHIYAN

神奇的罐头盒

操作难度：★★

实验方法：

一只空罐头盒，不与任何东西接触，怎么会响，又能自动地跳起来呢？可以通过下面的实验观察一下。

装一个简易的氢气发生器：在一只口径比较大的瓶子里放入十几颗锌粒（用干净的废电池皮也可以），然后配上一个带有弯玻璃管和漏斗的橡皮塞或软木塞，弯玻璃管用橡皮管和另一个玻璃管连接，漏斗要连接一个长度几乎能接触瓶底的玻璃管。

再做收集气体的准备工作：在一个用过的小铁罐头盒底部打一个毛衣针粗细的洞，用胶布粘住，装满水，倒放在盛满清水的盆子里，待用。

制取氢气时，从漏斗处向装有锌粒的瓶子倒入浓度为 20% 的稀硫酸（加入酸的量，以能浸没锌粒为妥）。也可以用氢化钙和水反应，制取氢气。为了收集纯净的氢气，必须尽量赶跑瓶中原有的空气。因此，在收集氢气之前，首先要检验其中是否混有空气。或者等反应约进行一分钟以后，再把玻璃管伸入罐头盒内。由于氢气在水中的溶解度非常小，所以它进入罐头盒内能把水排出。等罐头盒里的氢气收满以后，立即用玻璃片封住盒口，从水中拿出来，倒放在桌子上。

把氢气发生器移开后，就可以开始做实验了。

把封盒口的玻璃片抽开，再把罐头盒的一边用小木块垫高一些，让它稍微倾斜。立刻把粘在盒底部的胶布撕掉，接着，用火柴在小洞附近点火。因为氢气比空气轻（空气的比重是氢的14.38倍），它会通过小洞逸出，遇到火就会燃烧。这时就可以听到鸣叫声，而且声音越来越响，随后罐头盒也会开始跳动起来。有时会在发出一声鸣响后，罐头盒飞得很高。

为什么会发生上述现象呢？主要是因为氢气在不同的条件下，燃烧的情况不同。开始罐头盒里充满纯净的氢气，它与火及空气接触的部分就发生了燃烧，我们看见罐头盒底部的小洞处产生了淡蓝色的火焰。随着氢气的燃烧，罐头盒里的氢气数量减少了，空气从垫起来的开口处进入盒内。由于气体的扩散作用，氢气和空气就迅速地混和起来。当达到一定的比例时，洞口的火焰就能使盒内的混合气体燃烧。因为氢气和空气混合得均匀，这个燃烧进行得很快，出现爆炸现象，罐头盒的鸣叫声和跳动就是这种爆炸所引起的。如果混入的空气中的氧气体积和氢气体积之比恰好是1∶2时，爆炸的力量就最大，发出响亮的爆鸣声，罐头盒也会飞起来，有时会飞起1~2米高。

氢气里混有空气或氧气时，遇火就会发生爆炸。因此，在做氢气实验时，氢气发生器必须远离火焰；开始产生的氢气，必须进行纯度检验，证实氢气已达到纯净时，才可以进行氢气的收集和点火。

检验时，用排水取气法（或用向下排气法）把氢气发生器里放出来的气体收集在试管里。把试管移开，点燃试管里的气体，直到没有尖锐的爆鸣声为止。这一条必须严格遵守。

知识延伸：

氢气在工农业生产和国防建设上具有重要的用途。氢气和氮气在高温高压下能生成氨。氨是制造化学肥料的重要原料。氢氧按一定比例混合发生的火焰可以高达2500℃，在工业上往往用它来焊接钢板、铝板以及不含碳的合金。在冶金工业中，氢可用来冶炼纯度很高的钨和铬金属材料。高纯度的液态氢可作火箭的高能燃料。利用氢跟氧结合，把化学能直接转变为电能的氢氧燃料电池，已被用作宇宙飞船上的能源。从科学技术的发展看，氢将成为一种重要的新型燃料。此外，氢还可以和一氧化碳发生反应，产生合成汽油、甲醇等；它还能使脂肪氢化，从普通液态的油脂制造出人造猪油和人造牛油等。

摩擦结"冰"

操作难度：★★

实验方法：

取一支干净的试管，注入半管冷水，加入含有结晶水的硫酸钠晶体，用搅棒不断地搅拌，加到晶体不能再溶为止。然后再多加一些晶体，用热水温热使它全部溶解（温度不得超过32.4℃，因为含十个结晶水的硫酸钠在32.4℃以上即脱水，变成无水硫酸钠，无水硫酸钠的溶解度随着温度的上升反而减小）。最后，用纸片将试管口盖好（防止落入灰尘而影响实验效果），静止冷却。约一小时后，小心地将纸片取走，用玻璃棒剧烈地摩擦试管壁，你就会看见液体中有"冰块"析出来。

知识延伸：

并不是试管里结了冰，而是析出了硫酸钠晶体。为什么用玻璃棒摩擦试管壁就会析出晶体呢？

因为硫酸钠在室温下的水中，已经溶解到不能再溶的程度了，也就是达到了饱和状态。由于硫酸钠在32℃以下，溶解的数量随着温度的升高而增加，所以温热后，未溶的那部分硫酸钠也溶解了。它的浓度就比室温时的大，这种溶液叫"过饱和溶液"。

过饱和溶液不如饱和溶液稳定（处于介稳定状态），它极易析出溶质转变为饱和状态。因为这支试管中是硫酸钠的过饱和溶液，冷却得慢又没大的灰尘落入，更没有同晶体存在，所以它没有晶体析出。但当用玻璃棒摩擦试管壁时，可以促进晶核的形成，破坏溶液的过饱和状态，于是过量的硫酸钠便迅速地形成结晶析出，试管内就像气温骤然下降一样，结了"冰"。

我国有些内陆湖含有大量的碳酸钠，就是我们通常说的碱。在天冷时，从湖中析出大量的碱晶体，这就是由于温度降低使碳酸钠溶解度也降低的缘故。利用这个原理，还可以进行人工降雨，战胜旱灾。

热 盐

操作难度：★

实验方法：

把一粒食盐拿在手中，并没有烫的感觉。

然而，盐在一定条件下不仅可以产生"热量"，而且还能把雪融化了呢！

我们可以做个实验观察一下。

冬末，找一个用过的香脂盒盖，盛上雪后，放在外面（不要拿进室内）。

然后，往盒盖里的雪上边均匀地洒上精盐面。过一会儿，盒盖里的雪就融化了（室外气温在0℃左右效果更好）。奇怪，为什么没有热感的食盐，反到能把冰冷的雪融化了呢？

知识延伸：

这是由于盐和雪的混和物的冰点，远远低于纯水的冰点的缘故。纯水的冰点，在通常情况下为零度，可是食盐饱和溶液的冰点将近 $-21℃$。雪是水以固态存在的一种形式，当它和食盐混合以后，这种食盐溶液的冰点，就不是0℃而大大低于0℃了，所以雪就融化了。

利用这个原理，在盛夏冰镇食物的冰块上撒一些食盐，冰点就会降低到 $-21℃$。在工业上，可利用这个原理来做专业的冷冻剂。

无火加温

操作难度：★★

实验方法：

一提起热，往往就使人们想到火焰。但在下面的实验中，热度就不是从火焰中获得的。

取一支小试管，注入 5 毫升室温水，放入一支实验用温度计。取一个酒杯，放入 10 克氢氧化钾，再倒入 10 毫升清水，然后把盛室温水的小试管放入酒杯中，温度计的水银柱就会很快地上涨。水温可以增加十几度。

10 克氢氧化钾和 10 毫升水混和后，怎么就能使水温升高呢？原来氢氧化钾晶体溶于水时，它的固态分子机械地扩散到水里面以后，立刻和水分子发生水合作用。而这个化学过程是放热的，所以使整个溶液的温度升高了。

在热的传导作用下，小试管里的水温也就升高了。

知识延伸：

应该指出，并不是所有的固体物质溶解都放热，如硝酸铵、氯化铵等溶解在水中就是吸收热量的，能使水温降低。固体物质溶解是一个较复杂的过程，往往是吸热和放热两种反应都有。物质的溶解是个物理过程，物质的分子或离子向溶剂里扩散的运动是需要吸收热量的；但紧接着这个物理过程，就发生另一个过程，形成水合分子或水合离子的过程，这个过程叫化学过程，在这个过程中往往是放热的。那么，固体在溶解时到底是能使水温升高还是降低呢？这就要由固体在溶解过程中，是物理过程为主，还是化学过程为主来决定了。在上面这个实验中，氢氧化钾在溶解时，化学过程产生的热量大于物理过程吸收的热量，所以，能使水温升高；如硝酸铵等溶解时的物理过程所吸收的热量大于化学过程所放出的热量，就使水的温度降低了。

浊水变清

操作难度：★★

实验方法：

在河流入海的地方，常常有一些叫三角洲的陆地，这些陆地是怎样形成的呢？为了弄清这个问题，我们不妨做一个实验。

在一个茶杯中放入一些泥土和水，充分搅拌后，使其静止。待大颗粒沉淀后，把上层混浊的水倒入另一个茶杯中。然后把明矾（硫酸钾铝）研成粉末放到杯子里搅拌几下，过一会儿，原来浑浊的水就变得清澈透明了。

知识延伸：

水中的那些小泥土微粒（称"胶体"粒子）都带有负电荷，当它们彼此靠近时，由于静电斥力，总是使它们分开，没有机会结合成较大的颗粒沉淀下来，所以就会在很长时间内在水中悬浮，甚至几天也不能沉下来。加入明矾后，明矾在水中发生化学反应，生成了一种白色的絮状沉淀物——氢氧化铝。氢氧化铝是带有正电荷的胶体粒子。当它与带负电荷的泥沙相遇时，正、负电荷就彼此中和。这样，不带电荷的颗粒就容易聚结在一起了，而且，聚结后颗粒越来越大，终于会克服水的浮力而沉入水底，水也就变得十分清澈了。

从这个道理中，我们就能解释河流入海处三角洲的成因了。河水里带有大量的泥沙，当它流入海口的时候，流速减慢了，大颗的泥沙就自动地沉下来，那些小颗粒的泥沙在海水中的食盐、硫酸镁等带正电荷的物质（电解质）的作用下，电荷抵消，变成不带电的颗粒而沉淀下去，天长日久，就变成了三角洲。

明矾和硫酸铝不仅有净化作用，它们也是工业上最重要的铝盐。比如，在造纸工业上可用做胶料，在印染工业上可用做媒染剂，明矾和硫酸铝也可用来配制灭火器溶液。

烧不断的麻绳

操作难度：★★

实验方法：

麻的主要成分是碳、氢、氧等元素。在加热时，借助于空气中的氧气，是很容易燃烧的。有什么办法能使它烧不断呢？

在一个空罐头瓶内加上热水，然后放入磷酸钾（磷酸钾、磷酸钠等可溶性的磷酸盐都可以），制成较浓（约30%）的溶液，再把1尺左右长、毛衣针粗细的新麻绳放在制得的溶液中浸透，取出后晾干。把晾干了的麻绳浸在浓度为3%的明矾（硫酸钾铝）溶液里，浸透后再取出晾干。这样，这根绳任凭你放在火上怎么烧，也不会烧断的。

知识延伸：

燃烧是一种比较常见的化学反应。在通常情况下，燃烧必须具备3个条件：①可燃性物质；②支持燃烧的氧；③达到着火点的温度。

因为磷酸钾和明矾都不是可燃性物质，它们不能支持燃烧。把麻绳浸在用这两种物质制得的溶液里，磷酸钾和硫酸钾铝的分子就沉积在纤维的外面，形成一种保护层，把易燃的炭、氢、氧组成的纤维素和空气隔开，火焰也不能直接接触它，用火去点时就不再燃烧，当然也就烧不断了。

硅酸盐比磷酸盐耐热性更高，性能更好。石棉就是由钙、镁、铁等硅酸盐类制成的，它的耐热能力在1000℃以上。在古代，我国劳动人民就学会了用石棉制成纺织品。据传说汉桓帝时，有一个叫梁翼超的大将军，他有一件非常漂亮的"宝衣"，不用水洗，专用"火浣（读作 huàn）"。一次，在宴会上油渍弄脏了他这件"宝衣"，他就当众把衣服脱下来，放在炭盆中。过一会儿拿出来，衣服上的油渍就不见了，但衣服却完好无损。实际这件衣服就是用石棉做成的。

石棉的用途很广,可是1920年以前,人们还只会把石棉制成纺织品。最近人们才用石棉代替钢筋制成石棉水泥,广泛地应用在建筑材料上。

在一些要求耐高温、防火等方面的生产中,也大量使用石棉。

用蜡烛制硫化氢

操作难度: ★★

实验方法:

取一支试管,配上一个带尖嘴玻璃管的橡皮塞,在试管中加入1克硫磺粉和1克石蜡(可将小段蜡烛切碎),把试管放在酒精灯火焰上加热,即产生硫化氢气体。

在玻璃管的尖嘴处把硫化氢气体点燃,它的火焰是蓝色的。如果用一张湿的蓝色石蕊试纸放在火焰上方(不接触火焰),蓝色试纸就会变红,说明硫化氢气体燃烧后,产生的气体具有酸性。

如果将一支试管放在硫化氢的火焰上(试管的外壁与火焰接触),不久,你就会看到试管的外壁上出现了一层黄色的固体。

上面两个实验中发生了什么化学反应呢?当硫化氢气体在空气中燃烧时,如果空气是充足的(第一种情况),就产生二氧化硫和水:

$$2H_2S + 3O_2 = 2SO_2\uparrow + 2H_2O$$

二氧化硫溶于水生成亚硫酸,能使蓝色的石蕊试纸变红。

如果空气不足时(第二种情况),它只能把硫化氢氧化。

知识延伸:

石蜡是固态石蜡烃的混合物,凡士林是液态和固态石蜡烃的混合物,它们都是由碳和氢组成的。把硫磺与石蜡(或凡士林)放在一起加热,就会产生硫化氢气体。硫磺、石蜡和凡士林都是很容易得到的,所以用这种方法制硫化氢是很简便的。

变色字画

操作难度：★★

实验方法：

博物馆的陈列室里挂着很多幅名贵的油画，其中几幅雪景画得特别出色，白茫茫的大雪覆盖着大地，衬托出大自然中的万物更加生气勃勃。但是过了许多年之后，人们发现油画上的白雪慢慢地变成灰色了，大自然也变得死气沉沉了。

用什么办法来挽救这些名贵的油画呢？聪明的化学家拿来一瓶双氧水，用棉花蘸上双氧水，轻轻地在油画上擦拭，最后获得了起死回生的效果，油画上又出现了茫茫的白雪。

要问这里的奥妙，不妨让我们来做一个化学实验，解释一下刚才发生的现象。

把一张吸水性比较好的白纸或滤纸贴在墙上，用毛笔蘸上0.5摩尔/升醋酸铅溶液，在纸上写上"变色字画"四个大字。

在试管中加一小块硫化亚铁（FeS）固体，并加入约6摩尔/升盐酸（用粗盐酸就可以了），试管中就产生了硫化氢气体，立即将试管口对准白纸上写过字的地方，纸上就出现了灰黑色的"变色字画"四个大字，这是因为硫化氢气体与醋酸铅作用，生成了灰黑色的硫化铅：

$$FeS + 2HCl = FeCl_2 + H_2S \uparrow$$

$$Pb(CH_2COO)_2 + H_2S = PbS \downarrow + 2CH_3COOH$$

如果实验室有现成的饱和硫化氢溶液，那就不需要再制备硫化氢气体了。只要打开饱和硫化氢溶液的瓶盖，将瓶口对准白纸，也会出现灰黑色的大字。

下面就要开始第二部分实验了。这时，需要把制备硫化氢气体的试管拿开、洗净（如果用饱和硫化氢溶液，也要把它拿走），使空气中不再存在大量的硫化氢气体。然后用另外一支毛笔蘸上3%～5%过氧化氢溶液（即双氧水），涂在灰黑色的"变色字画"四个大字上。真奇怪，这四个大字立刻从白纸上消失了。原来，这时在白纸上又发生了另外一个化学变化，过氧化氢把灰黑色的硫化铅氧化了，变成了白色的硫酸铅，所以"变色字画"四个大字又不见了：

$$PbS + 4H_2O_2 = PbSO_4 + 4H_2O$$

聪明的化学家了解到油画变灰的原因，便找到了使硫化铅变白的方法，这个问题也就迎刃而解了。

知识延伸：

油画上的白雪，是用铅盐做成的油彩画上去的。日子长了，铅盐和空气中的硫化氢气体化合，就使白色慢慢变成灰黑色了。

也许你会问，空气里哪里来的硫化氢气体？煤里边就含有1%～1.5%的硫，石油产品中也含有硫，甚至动植物腐烂时也会生成硫的化合物，它们都是硫化氢的来源。难怪油画在博物馆里放久了，天天受到硫化氢气体的熏陶，白雪也就变成灰色了。

不会流动的酒精

操作难度：★★

实验方法：

酒精是一种液体，这是不容怀疑的。既然是液体，它就会流动，那么，不会流动的酒精又是什么物质呢？它的外形又是怎样的呢？最好还是你亲手试验一下吧！

在一只烧杯中加入90毫升无水乙醇（如果找不到无水乙醇，可以用氧化钙固体将普通的乙醇脱水干燥，然后滤掉氧化钙，即可使用），然后将10毫升饱和醋酸钙溶液加到无水乙醇中（注意：不可搅拌），则乙醇立刻结冻。

这时将烧杯倒置过来，让杯口朝下，乙醇也不会从烧杯中流出。可以用小刀沿着烧杯的内壁将胶冻挖出，把它放在铁片上，用火点燃，它能像普通的液体酒精一样地燃烧。

把 5 克无水氯化钙固体溶解在 20 毫升无水乙醇中，然后把这一溶液加到盛有 8 毫升 40% 氢氧化钠溶液的烧杯中（不要搅拌），也能得到一种白色的软块。用小刀刮出，放在铁片上，也能燃烧。

做完这两个实验以后，你一定不再怀疑，酒精也可以是不流动的。如果你求知心切的话，一定还会追问，这种不会流动的酒精叫什么？它是怎样形成的？

知识延伸：

一般人把这种胶状的酒精称为固体酒精。因为普通的酒精都是液体，要用玻璃瓶包装，如果是在野外工作，携带和运输均感到不便。于是人们就想出了加醋酸钙的办法，做成了固体酒精，方便运输携带。

也许你还会进一步问，固体酒精是像氯化钠那样的晶体呢，还是像玻璃那样的透明的无定形物质呢？都不是。实际上，固体酒精是一种胶体，不是像氢氧化铁溶胶那样的胶体溶液，而是一种凝胶，和肉冻一样，比较柔软而富有弹性，但不会流动。

下面再谈一谈这种胶冻状的凝胶是怎样形成的。当我们把无水乙醇和饱和醋酸钙溶液混合以后，因为乙醇分子与水分子有强大的亲合力，所以乙醇就把饱和醋酸钙溶液中的水分子夺走，形成了水合酒精。饱和醋酸钙溶液则因失去了水，变成了一种特殊的胶体——凝胶（要知道，脱水也是制备胶体的一种方法）。醋酸钙溶液就从液相变成了固相，这种固相是一种具有立体网状结构的多孔物质，里面有许多孔隙，水合酒精钻到这些孔隙中，就再也流不出来了。

从固体酒精形成的原因来看，形成的应该是一种醋酸钙凝胶（注意，决不是酒精凝胶）。其实，这一概念你并不陌生，在中学化学课本"胶体"这一节中，就讲到了往偏硅酸钠溶液里加入盐酸，就可以生成硅酸凝胶，它和固体酒精是同一类物质，不信，你也可以亲自动手做一做硅酸凝胶。

人造钟乳石

操作难度：★★

实验方法：

取一只细口的塑料瓶（也可以用装眼药水的塑料瓶或玻璃瓶），在它的塞子上钻一个小孔。把几根棉线拧成一股细绳（或者将粗的棉线绳拆成几小股，取其中的一股），然后将棉线穿过塞子上的小孔，使露在塞子外面的棉线长度为 0.5 厘米左右。

在塑料瓶内装上饱和硫酸镁（$MgSO_4$）溶液，将塞子塞严，然后把塑料瓶倒置悬挂，使塑料瓶的瓶口比桌面高出 1 尺左右。在瓶口的正下方，放一块硬纸板。

不久，饱和硫酸镁溶液就会慢慢地从棉线上渗透下来，由于渗透得很慢，随着水的蒸发，棉线的顶端就会有硫酸镁晶体生成，并且缓慢地往下生长。当棉线的尖端逐渐积聚了硫酸镁溶液的液滴时，它就会滴在下面的纸片上，这样纸上的硫酸镁又会往上生长，逐渐长成一支石笋。一天以后，你就可以看到你的劳动成果了：透明的钟乳石形状与溶洞中的一样。虽然它也需要经过一天一夜的时间才能长成，但是比起大自然的雕刻速度却要快多了。

如果你多准备几个塑料瓶，里面都装好饱和硫酸镁溶液，并分别在其中加一点硝酸铜、硫酸镍、硝酸钴等有颜色的化合物，那么，最后长成的钟乳石还可以带有各种不同的颜色，这样就更有趣了。

知识延伸：

你参观过桂林的七星岩、南宁的伊林岩、宜兴的善卷洞和北京房山的云水洞吗？在这些奇妙的溶洞中，到处都是石笋、石钟乳、石花、石幔，它们千姿百态，栩栩如生，使你不得不钦佩大自然的这一杰作。那么这伟大的雕刻家究竟是谁呢？原来，这位手艺高超的石匠就是我们大家最熟悉的、每时每日都离不开的"水"。

别看岩石那么大，又那么硬，它们在水的面前却变得软弱无能。地下水中含有比较多的被溶解了的二氧化碳气体，它与岩石中的碳酸钙作用后，变成了碳酸氢钙溶液：

$$CaCO_3 + CO_2 + H_2O = Ca(HCO_3)_2$$

当碳酸氢钙溶液从岩石的缝隙中一滴一滴地流出来的时候，由于受的压力减少，溶液中的二氧化碳又会跑出来，使碳酸氢钙分解为碳酸钙。当水蒸发以后，在水的滴落处就会留下碳酸钙的痕迹。这一作用虽然很慢，而且生成的碳酸钙的量可以说是微乎其微的，但是天长日久、日积月累，一根根悬挂在洞顶下的石钟乳和直立在地面上的石笋也就应运而生了。

从碳酸氢钙的分解，一直到长成一根石钟乳或一支石笋，过程是非常非常缓慢的，往往需要经过几百年或更长一点的时间。作为个人是不可能见到它们生长全过程的。上面的这个小实验，就是模拟这些石笋形成的过程的。

金属霜花

操作难度：★★

实验方法：

冬天的清晨，玻璃窗上常常会结上一层美丽的霜花，朝阳透过霜花，使你如同置身在冰雪世界中。如果你在夏天也要领略一下这种美丽的景色，最好做一些人造霜，这些霜是用金属做的，不论春夏秋冬，永不消失。

当然，在开始时，你可以用少量的药品和材料做一个小试验。

取两小块擦得很干净的玻璃片（其中的一块可以略小一些）。先在较大的玻璃片的中央放一小块薄锌片，在小的玻璃片的边角上滴一滴1%硝酸银溶液。然后轻轻地把两块玻璃片压在一起，这时，硝酸银溶液就会慢慢地在两块玻璃片的中间扩散开来，而与锌片相接触，于是锌置换硝酸银中银离子的反应就开始了。

$$2AgNO_3 + Zn = 2Ag + Zn(NO_3)_2$$

由于溶液很稀,又很少,所以置换反应进行得很慢,经过一段比较长的时间后,在玻璃片上长出了银树。由于这种银树的形状是扁平的,就像贴在玻璃片上一样。它在阳光下闪闪发光,跟你在严冬季节看到的玻璃窗上的霜花一模一样。

知识延伸:

霜花和水汽凝华结晶时的晶体习性有关。水汽凝华结晶成的雪花和天然水冻结的冰都属于六方晶系。我们在博物馆里很容易被那纯洁透明的水晶所吸引。水晶和冰晶一样,都是六方晶系,不过水晶是二氧化硅(SiO_2)的结晶,冰晶是水(H_2O)的结晶罢了。

小火箭

操作难度: ★★

实验方法:

一听说火箭,你一定会联想到那庞大的火箭发射架,结构精密的火箭筒,以及筒内装的昂贵的高能燃料。而且,你未必有机会亲眼看到发射火箭,更不用说自己亲自动手试一试了。但是,如果你要自己制作一只小型的"玩具火箭",也不是一件很困难的事情。

首先,你去找一小块白色的泡沫塑料(它一般作包装仪器和仪表用,是一种白色泡沫硬块),这种塑料有一个优点,重量非常轻,也很容易用剪刀或小刀加工成各种形状。把泡沫塑料块做成火箭的箭头形状,在它的尾部插一根细木棍。

在一只广口瓶上配上一个橡皮塞(或用软木塞)。广口瓶的大小以50～60毫升为宜,瓶子太大了,瓶内不能产生很大的压力,发射不了火箭。在橡皮塞上钻两个孔,一个孔内插入一支滴管,滴管是装过氧化氢溶液用的,在另一个孔内插一支玻璃管,玻璃管的粗细要和小火箭尾部的细木棍匹配。

细木棍应尽量削圆，它比玻璃管的内径略细，装在玻璃管中后能够灵活地上下移动。

有了这些材料以后，就可以开始发射火箭了。在广口瓶的底部加少量二氧化锰固体（广口瓶要干燥），滴管内吸入几毫升25%~30%过氧化氢溶液，然后把橡皮塞塞在广口瓶上，再把小火箭尾部的细木棍插进玻璃管内。

在发射火箭时，只要挤压滴管上的胶头，把过氧化氢溶液加到广口瓶中，过氧化氢滴在二氧化锰固体上，立即分解出大量的氧气（二氧化锰是催化剂）：

$$2H_2O_2 \xrightarrow{MnO_2} 2H_2O + O_2\uparrow$$

大量的氧气使广口瓶内产生很大的气压，因此小火箭便向上冲出达1~2米。

知识延伸：

这个实验和发射火箭是一样的原理，火箭是利用内部燃料燃烧产生的高温高压气体从尾部喷出所产生的反冲力而前进的。而我们的自制小火箭是靠过氧化氢滴在二氧化锰固体上，从而分解出的大量的氧气，大量的氧气使广口瓶内产生很大的气压，气压对小飞箭施加一个向前的冲力，使得小火箭腾空而起。

烧不坏的手帕

操作难度：★★

实验方法：

你也许看到过，魔术师手里拿了一块手帕，放在清水中一泡，取出以后用火柴把它点着，手帕就烧起来了。以后他把手帕摇晃几下，火又熄灭了。

你可能以为手帕已经烧坏了,但仔细一看,一点也没有坏。不信,你可以亲自试验一下。

取20毫升普通酒精和10毫升水,混合均匀以后(如果没有酒精,也可以用白酒代替,但不必再往里加水了)把一块手帕放在里面。待手帕浸透液体以后取出,用镊子夹住。等到手帕不再大量滴水时,就可以用火柴将它点着,手帕立即着起火来。过一会儿,当火焰变小时,摇晃一下手帕,火就会熄灭。你再看看手帕,它和原先一样,一点也没有烧坏。

知识延伸:

因为手帕浸了酒精的水溶液以后,着火的只是酒精;当酒精快要烧完时,手帕上还有很多水,水遇热后就要变成水蒸气,而这是需要吸收大量的热的。所以酒精燃烧后,热量都被用来使水变成水蒸气了,手帕的实际温度并不高,虽然看起来似乎烧着了,但这时的温度还达不到棉纤维的着火温度呢!

小蛋变大蛋

操作难度:★★★

实验方法:

把一个比较小的鸡蛋,放在一小碗6摩尔/升盐酸里,不时转动鸡蛋,让鸡蛋壳与盐酸充分作用。几分钟后,盐酸就会把鸡蛋壳都溶解掉,使鸡蛋变成一个很软的被一层薄膜包围起来的蛋白和蛋黄。鸡蛋壳的成分是碳酸钙,它在盐酸的作用下会全部溶解。

$$CaCO_3 + 2HCl = CaCl_2 + CO_2\uparrow + H_2O$$

鸡蛋壳被溶解后,小心地将碗倾斜,慢慢地把碗里的盐酸倒在另一个瓶内(供做下一个实验用)。在碗内换进清水,再把水倒掉,这样反复几次,直到把鸡蛋表面的盐酸和碗里残存的盐酸都洗掉为止。清洗时一定要小心，不要把鸡蛋表面的薄膜弄破。

清洗以后，在碗里倒满水，把这个柔软的鸡蛋泡在水中（注意，不要把蛋盖没），你会看到，鸡蛋在渐渐地肿胀。这个过程虽然很慢，不能在几分钟内立刻显示出效果，但是如果每隔一个小时观察一下，就会发现鸡蛋变大了一点。过了一天以后，你会看到这个比较小的鸡蛋变成了一个很大的鸡蛋。

知识延伸：

鸡蛋壳内的这层薄膜是细胞膜，凡属细胞膜都具有渗透作用，它们都是一种很容易让水透过的薄膜，但细胞液却不能透过这层薄膜跑出来。当我们把去掉蛋壳的鸡蛋泡在清水中以后，水就会不断地透过这层薄膜而进到鸡蛋里面去，结果小蛋就变成大蛋了。

为了进一步证实这层蛋膜具有半透膜的性质，我们还可以把这个实验继续进行下去：把碗里的清水倒掉（要尽量倒光），然后在碗里倒满无水乙醇（用氧化钙固体将普通的乙醇脱水，滤掉氧化钙即可使用），把鸡蛋盖没。

不久，你就可以看到，在鸡蛋薄膜的表面上产生很多小气泡，而且，这个大鸡蛋在慢慢地变小。经过一天一夜以后，你就会看到，这个鸡蛋又回复到原来的大小了。真想不到，鸡蛋体积的变化竟然也是一个可逆的过程。

酒精分子和水分子之间有很大的亲合力，若把吸足了水的鸡蛋放进酒精里面，酒精就会把蛋内的水吸出来。在鸡蛋薄膜的表面上所看到的小气泡就是水在不断地往蛋膜外渗透所产生的。最后，当酒精把鸡蛋内部多余的水吸出后，大蛋又变成小蛋了。"小蛋变大蛋"的确是一个地地道道的化学实验。

在做这个实验时，有一点需要注意，即所用的鸡蛋必须是新鲜的，尤其不能用经石灰或水玻璃处理过的鸡蛋。因为处理过的蛋膜，已不起渗透膜的作用了。

能灭火的气体

操作难度：★★

实验方法：

擦燃一根火柴，放入空牛奶瓶或大口瓶的瓶口，火柴能继续燃烧。这是因为火柴能够从它周围得到燃烧所需要的氧气。

现在再做一个实验。将一大汤匙发酵粉放入牛奶瓶或大口瓶里，再倒入四分之一玻璃杯的醋。瓶子便被渐渐释放出来的二氧化碳气充满了，原先在瓶内的空气全被挤了出来。当瓶内不再起泡时，说明瓶子里面全是二氧化碳气体了，这就好像水装在瓶子里面一样。

这时再将燃烧着的火柴放到瓶口试一试，一下子就熄灭了。

这一次火柴放到瓶口就熄灭的原因，是火柴周围已不存在帮助它燃烧的氧气。

这个实验也证明二氧化碳的气体比空气重，它不是浮在上面而是沉在瓶底的。我们还能把二氧化碳气体像水一样从这个瓶子倒到另一个瓶子里去，下面就做这个实验。

把一小段矮于瓶口的蜡烛放在一个大口瓶里，并把它点燃。

按上述实验方法另外用一只瓶子准备好一瓶二氧化碳气体。当这只瓶子里的大的气泡冒得少了时，即把里面的二氧化碳气体像倒水那样慢慢地倒入放着蜡烛火的大口瓶里。注意别把瓶子里的醋给倒了出来。二氧化碳气体在大口瓶里满到烛焰时，烛火即自行熄灭。然而你却看不到二氧化碳气体，只能看到烛火灭掉了。

知识延伸：

在二氧化碳气体中什么东西都无法燃烧，所以它是很好的灭火剂。灭火筒里就藏有二氧化碳气，不过它已经和肥皂状液体混合在一起了。一喷，它能产生泡沫，射向火焰把火熄灭。

制造二氧化碳

操作难度：★★

实验方法：

当一颗子弹里的火药或炸药爆炸的时候，猛然释放出大量气体，使爆炸力具有极大的破坏性。那么，子弹还没有发射，炸药还没有爆炸的时候，这些气体藏在哪里呢？原来这些气体都是与固体物质在一起的。搞一次小型的、不会造成什么破坏的爆炸，便可以了解这种化学作用是怎样产生的。

找一只大瓶子和一只能够密封瓶口的软木塞子。先将一张小纸折出一条折痕，再把纸摊开，放上两大匙发面团用的发酵粉。把发酵粉徐徐倒入瓶里。

预备好一支试管，里面装满醋，并且把软木塞用水打湿。

动作要快。一只手拿着软木塞，另一只手拿着盛满醋的试管，把醋迅速倒进瓶里，立刻把塞子塞上，但注意不要塞得太紧。

瓶子里的东西突然发出咝咝声，涌起很多泡沫，不一会瓶塞就会呼的一声飞起来。这是怎么回事呢？

知识延伸：

发酵粉是化合物碳酸氢钠的俗名。它由钠、氢、碳和氧等元素组成，与醋混合以后，经过化学反应，放出一种叫做二氧化碳的气体，这种气体在瓶子里面聚集起来，最后把瓶塞给冲跑了。

二氧化碳是碳和氧的化合物。碳和氧的原子是碳酸氢钠分子的一部分。醋可以把这种原子释放出来。

二氧化碳通常是气体，比方在你做的实验中就是这样。但是也可以使它形成固体的结晶。这时就管它叫"干冰"。干冰的温度可以低达 $-100℃$！

汽水里面的气体

操作难度：★★

实验方法：

把一大汤匙的醋和发酵粉倒在一玻璃杯的水中，再放 3 粒樟脑丸进去，在樟脑丸上即刻出现许多二氧化碳的小气泡，这些小气泡好像一个个浮筒，把樟脑丸"托"起浮在水面上。气泡破后，樟脑丸下沉，再出现气泡，樟脑丸又浮上来。这种时而浮起时而下沉的情况可以续好几个小时，直到这种化学运作完结为止。

请注意有些气泡始终不破，但是这些气泡往往出现在粗糙的樟脑丸表面上。

知识延伸：

这些气泡好像汽水里产生的气泡。我们喝的汽水就是把配有糖和香料的水加入二氧化碳的气体制成的。这种气体实际上已溶在水里。打开汽水瓶塞，冒上来的小气泡就是二氧化碳。这些气泡使汽水产生一种碳酸气的味道。

燃烧的化学过程

操作难度：★★

实验方法：

先用一两滴熔蜡将一小段蜡烛粘在一只碟子上，再放一些水在碟子里，接着把蜡烛点燃。拿一只比蜡烛高的玻璃杯，口朝下将燃烧着的蜡烛盖住，杯口浸在水里。这时便出现这样的现象：玻璃杯里的水慢慢往上升，随后，烛火熄灭了。

蜡烛的蜡燃烧时，蜡里面的某些成分与玻璃杯内空气中的氧发生化学作用，形成几种化合物。几种新形成的化合物所占的空间比杯内氧原先所占的空间要少些，就是说玻璃杯里边的空间比原先的多了些。结果杯外边的大气将水压进玻璃杯内，不一会玻璃杯里的氧就不够了，烛火也就熄灭了。

空气中除了氧以外，还有一种主要成分——氮。氮也是一种气体，但是它在一般条件下不参与化学反应，也不参与燃烧。

知识延伸：

一张纸或者一块木头烧过后留下的只是很少的一些灰烬。过去很长一段时期，人们一直认为有某种看不见的奇怪物质从燃烧的东西里面跑掉了，后来，人们发现情况恰恰相反，是燃烧着的东西从它周围的空气里吸收了某种物质。

空气是由一个个分子组成的云雾状物质。由许多分子组成的任何一种类似云雾状的物质都统称为气体。空气是由几种不同气体混合而成，其中有一种是化学名称为氧的化学元素。

当某种物质燃烧时，这种物质就与氧结合在一起，成为某几种新的化合物，这几种新的化合物大部分都是气体，很快就跑掉了。所以燃烧后的物质没有留下多少东西。

氧无色、无味、无臭。虽然我们看不见它，但要是没有它，火就烧不起来，动物就不能进行呼吸。人们吸入肺部的氧气与人体里面的废物结合起来，发生作用，把这些无用之物"烧掉"。所以可以说呼吸实际上是一种缓慢的燃烧。

蜡烛的化学性质

操作难度：★★

实验方法：

蜡烛像其他任何东西一样，燃烧时也需要氧。不过，它燃烧的化学过程较为复杂，它的火焰真像一间小型化学实验室呢！

蜡烛点燃后，一部分蜡熔化渗透入烛芯，烛火的热量将这些熔了的蜡变成气体，这种气体很快就燃烧起来，发出光和热。这时，如果将烛火吹熄，你能看到从烛芯冒出一道黑烟，缭绕而上。这道黑烟是由未经燃烧的气体形成的，它能变回一小滴一小滴的蜡，并仍然能燃烧。不妨做一个实验来证明这个道理。

用一支火柴把蜡烛点燃，火柴不要弄熄，拿在手里移向一边。随后用力将烛火一下子吹熄，烛芯顿时冒出一道黑烟来。这时，将仍在燃烧着的火柴移到离烛芯5厘米的黑烟的上方，火柴的火焰会噗地一声往下烧去，烛芯便重新着了起来。

蜡烛是由几种化合物组合而成的，这些化合物里面都含有碳元素。当蜡的分子在火焰的高热下分解的时候，形成了许许多多黑色的碳微粒。火焰的这种高热使这些微粒变成橙黄色，所以蜡烛点燃时就放出了橙黄色的光。通过实验我们可以收集到这些黑色的碳微粒。

把一小块薄铝片或铝纸对折起来，然后把它放到烛焰上烧几秒钟，再拿开，铝片上面便留下黑色的一层，这层东西就是碳原子。

蜡烛里面还有氢元素。当蜡的分子在火焰的高热下分解的时候，氢原子跑了出来。在这些氢原子跑到火焰的范围以外时，便与空气中的氧原子结合起来。你能猜到这时产生了什么化合物吗？做了下面这个实验，你就会明白。

把一只干的玻璃杯，口向下罩在烛焰上方一两秒钟，再用手指摸一摸

杯子，里面就是要你猜的那种化合物——水。

知识延伸：

汽油是一种化合物，它里面也含有氢和碳。当汽油在汽车发动机里燃烧时，大部分的碳变成两种气体——一氧化碳和二氧化碳。一氧化碳是一种剧毒的气体，我们要是吸进一丁点儿这种气体，就会中毒，所以不要在关着门的汽车库里开动汽车发动机。

用氧来漂白

操作难度：★★

实验方法：

洗衣店里漂白衣服，也是用氧来进行化学反应的一种例子。也就是说，漂白是另一种缓慢的燃烧。这一回，燃烧甚至是在水里面进行的！

洗衣店里用的漂白剂是一种化合物，它用去氧的方法使衣服变白，因为布变脏或者褪色是氧气与一些物质化合的结果。氧把一些物质变成新的化合物。这些化合物颜色比较淡，或者根本没有颜色。从下面的实验可以看到这一点。

在半杯清水中滴入几滴蓝色墨水，搅匀使水变成均匀的淡蓝色。然后滴入几滴漂白剂，再搅匀，水中的颜色很快消失，水变得几乎全清。墨水的颜色与漂白剂中的氧结合以后，就完全消失了。

知识延伸：

由于天然的棉花不是纯白的，所以用漂白剂来漂白是纺织厂的一道重要工序。纸张、草制品和亚麻布以及其他许多东西都是用漂白剂来漂白的。

铁生锈

操作难度：★★

实验方法：

有一种比漂白进行得还要缓慢的燃烧，那就是钢铁的生锈。

每当空气和水接触钢铁的时候，就会形成黄褐色的锈斑。锈也是一种化合物，它是由铁、空气中的氧和水化合产生的。要生成锈，铁、氧和水三者缺一不可。做个实验，你就明白了。

从擦锅、盘用的钢丝绒中扯出一小撮。如果上面还沾有肥皂，要用力把肥皂甩干净。把这一小撮钢丝绒放在水里浸湿，再把它放到试管的底部。

往玻璃杯里倒入1.5厘米左右深的水，再把试管倒放在杯里。一两天以后，水在试管里上升了，正像前面做过的那个烧蜡烛的实验一样。

在这两个实验中，水位上升的道理是一样的。都是因为空气中被吸走了一部分氧，这一回氧是被铁吸走了的。不过用蜡烛做实验的时候，氧是一下子被吸走了。但是在生锈的过程中，氧给吸走的这一化学变化，却要进行很长一段时间。

仔细观察那些钢丝绒，你就会发现上面有不少黄褐色的锈点。

知识延伸：

好多年以前，化学家们利用生锈做了一次有名的实验。他们把一块铁仔细称好重量，等它生了锈以后再来称。这一回，这块生了锈的铁重量比以前稍微增加了。究竟有些什么东西加到这块铁里面去了呢？原来是铁在生锈的过程中从空气中吸进去的氧，使它重了一些。

铁锈容易剥落，又很脆，因此桥梁、建筑物、轮船以及其他钢铁构件的防锈措施就显得十分重要。要防止钢铁生锈，通常是在表面涂上一层油漆或者其他不容易生锈的金属。

烛焰显字

操作难度：★★

实验方法：

氧气和别的物质慢慢结合是一种看不到烟和火的燃烧。要想看到这种变化，做个显字实验就行了。

把钢笔在醋里面蘸一下，再在一张厚厚的白纸上写上几个字。要多蘸几次，使字的笔画粗重。醋很快就干了，而且不留一点痕迹。

点一支蜡烛放在水槽里，因为这样会使实验安全妥当。放好蜡烛以后，就把这张用醋写了字的纸放在烛焰上大约2.5厘米高的地方烘烤，注意要把纸片不停地移动，不能只烤一点，否则纸容易着火。这样过了不久，你就会看到纸片上颜色焦黄的字迹。

你用醋在纸上写字的地方，醋与纸发生化学变化，形成了一种化合物。

这种化合物比纸上没有写字的地方更易燃烧，纸在烛焰上烤的时候，写上字的地方就先被烤焦。

知识延伸：

用柠檬汁、葡萄汁或者牛奶汁写字，结果也会同用醋写的一样显色。

食盐变肥皂

操作难度：★★

实验方法：

在下面的一个实验中，把食盐（氯化钠）加入肥皂水里，会立刻析出固态肥皂来，就像是食盐变成了肥皂一样。

取一支试管，注入 2~3 毫升清水，放入一块豌豆大的肥皂，用小火加热，使其溶解。冷却后，加入 10 毫升水，再加少许干燥的食盐，用力振荡。随着食盐的溶解，肥皂液开始变混浊，终于呈凝乳状的白色沉淀物析出来。食盐变成了"肥皂"，浮在透明的液体上面。将肥皂取出后就会发现肥皂更洁净了。用来洗手效果一样。

原来这块肥皂并不是食盐变的，而是溶解在水中的那块肥皂又重新析了出来。这主要是因为食盐的溶解度比钠皂（家用肥皂多为硬脂酸钠盐）溶解度大，溶液中钠离子增多了，钠皂的溶解度就逐渐降低，最后终于从溶液中析出，而食盐却仍然留在溶液中，化学上称此过程为盐析作用。浮在上面的沉淀物叫"核"，即纯肥皂。"盐析皂"之名即由此而来。

知识延伸：

肥皂的种类很多，普通的肥皂叫钠皂。在钠皂中加入香料和染料就成为家庭用的香皂。

在肥皂生产中，可以用盐析法去掉杂质。用苛性钠水解时，所得的粗制凝结物内含甘油，碱及盐，为了除去这些杂质，就需要加足量的水，将粗制皂煮沸成糊状溶液，再加入食盐将其沉淀，如此重复数次，即可除去杂质，又能回收甘油。

能点着的冰块

操作难度：★★

实验方法：

做这个实验前，自己可以先制一块冰。

找一个装香脂的小铁盒洗干净，盛半盒水。再买两支冰棍，把冰棍敲碎后，与 2 汤匙洗涤盐混和，放在一只饭碗中。把香脂盒放在里面，然后用蘸湿的毛巾盖住饭碗，过约 15～20 分钟后，铁盒里的水便结成冰了。

把冰取出后，便可进行实验了。

取一小块电石（碳化钙），放在冰块上。然后擦着一根火柴，往冰和电石接触的部位一点，片刻就着起火来，而且越烧越旺，就像冰着了火一样。

但当电石消耗完以后，火焰也就渐渐地消失了。

知识延伸：

冰块和电石放在一起能够着火，主要是因为电石和水能发生激烈的反应，放出一种可燃性气体——乙炔（电石气）。当我们用点燃的火柴接近冰块时，使冰块发生微融，产生少量的水。水和电石发生化学反应，生成乙炔气。乙炔遇火开始燃烧。乙炔燃烧后，产生的热量进一步使冰融化。水又和电石发生作用，不断地生成越来越多的乙炔气，火焰就逐渐地旺起来，直到电石作用完结为止。

电石和水作用，是制取乙炔气的一种方法。

乙炔在工业上有很大用途。乙炔和氧混合发生燃烧时，可产生 3000℃ 以上的高温，氧炔焰常常用来切割和焊接金属材料。

乙炔最大的用途，是作为有机合成原料。我们现在用的塑料制品，如塑料皂盒、塑料雨衣，以及一些维纶织物等等的基本原料都是乙炔。

乙炔和空气混合时，如乙炔含量为 3%～70%，都可以发生强烈爆炸。

另外，电石和水作用时，常常含磷化氢和硫化氢等杂质，特别是磷化氢更容易自燃，发生爆炸。所以，在生产乙炔的工厂和使用电石的部门，要特别注意安全。

由于电石有极强的吸水性，一定要放在干燥处保存。

溶液变色

操作难度：★★

实验方法：

取一只烧杯，盛200毫升清水，再加入2毫升浓度为95%的盐酸。拿一个空的旧热水瓶，拔去瓶塞，若瓶内还有余热，可开着口等一会儿，让瓶内温度降至室温。将烧杯内配制好的稀盐酸溶液倒入瓶中，盖紧瓶塞，让热水瓶平躺在桌子上，用手轻按瓶壳，反复滚动热水瓶。3~4分钟后，打开瓶塞，把稀盐酸倒回玻璃烧杯中。奇怪，原来无色透明的盐酸溶液变成了一杯浅黄色的溶液。

如果手边没有盐酸，可用副食品商店出售的无色透明的醋精代替。将醋精和清水按1∶1的比例稀释成醋精溶液，倒入热水瓶内，滚动5~6分钟后倒回烧杯内，也成了浅黄色的溶液。这是去除热水瓶瓶胆水垢的一个好办法。

你不妨仔细观察一下倒入盐酸溶液前后，瓶胆内壁的光洁程度，作一个对比。

取一块黄豆大小的松香，放在瓷碗中研细后，倒入一只玻璃烧杯中。再向烧杯中缓慢注入浓度为95%的酒精，一边倒一边用一根细玻璃棒轻轻搅拌，直到杯内的松香全部溶解。用滴管向烧杯内无色透明的松香酒精溶液逐滴加水。水滴入烧杯后，溶液中立即产生白色沉淀，但转眼又消失。

继续加水，溶液中的沉淀便不断产生又不断消失。但加入一定量的水后，产生的沉淀便不再消失。于是，随着滴入的水滴增加，白色沉淀物不断增多，一杯无色透明的松香酒精溶液逐渐变成了一杯乳白色的悬浊液，酷似牛奶。

原来，松香易溶于酒精而不溶于水。加少量水时，松香局部产生沉淀，但随后又溶解在酒精中。加大量水后，酒精溶液变稀，能溶解的松香数量明显减小，白色的细微颗粒逐渐增多，便形成了像牛奶一样的悬浊液。

在一只玻璃烧杯中配制200毫升食盐饱和溶液，将其中的一半倒入另一只相同的烧杯中。现在，向一只烧杯中加一小粒食盐晶体，而向另一只烧杯加少许研细了的白糖。轻轻晃动烧杯，你会发现，食盐晶体不溶解，而白糖溶解了。再向这个烧杯中加白糖，摇晃烧杯，白糖仍能溶解。反复数次后，白糖也不能再溶解了。此时，一只烧杯中是食盐饱和溶液，另一只烧杯中是食盐、白糖双饱和溶液。

知识延伸：

平时，一说起饱和溶液，给人的印象似乎就是不能再溶解任何东西了。为什么食盐饱和溶液中还能溶解白糖呢？不妨打个比喻：有一只大箩筐，里面的篮球装得是如此之满，以至再放一个篮球都不可能了。但是，如果改往箩筐里再放乒乓球呢？显然，在箩筐的角落里，在篮球之间的缝隙里，再装些乒乓球是不成问题的，你说对吗？

■ 点火棒

操作难度：★★

实验方法：

利用氧可以助燃的原理，我们可以再做一个十分有趣的实验。

取约1克高锰酸钾晶体，压碎后放在一块玻璃片上。再取2～3滴浓硫酸，滴在高锰酸钾上，把滴有浓硫酸的高锰酸钾均匀地粘在一根玻璃棒的一端。把酒精灯的罩盖取下，用粘有高锰酸钾和浓硫酸的玻璃棒接触灯芯，酒精灯立刻就被点着了。

不用火柴、打火机，只用一个玻璃棒就能把酒精灯点着，真是奇妙！

知识延伸：

高锰酸钾（实验室制备氧气的一种原料）是一种强氧化剂，它和浓硫酸作用时，能产生氧气并放出热量。酒精又是燃点低、易于挥发的液体，在这些氧气和热量的作用下，足以使酒精燃烧，于是当玻璃棒接触灯芯时，酒精灯便被点着了。

因为高锰酸钾与水作用能释放出初生态的氧，所以医药上用它作杀菌、消毒剂。4%的溶液可治烫伤。很稀的溶液常用来洗生食的蔬菜和水果，用以灭菌。

砂糖发光

操作难度：★★

实验方法：

先在暗室中呆上 3～5 分钟，等眼睛适应周围黑暗的环境后，取 2～3 匙白砂糖放入一只较大的瓷钵中。然后开始用瓷杵慢慢研磨，并逐渐加快速度。

约 3 分钟后，就可以看到钵中的砂糖发出浅蓝色的光。如果继续保持慢速研磨，你可看到杵头周围有浅蓝色的光环。

再取一块精制的方糖，放在水泥地面上轻轻划几下，你也可看到经摩擦的方糖表面会发出微弱的蓝光，只是它很快就会消失。换一个表面在水泥地面上划几下，便又可看到微弱的蓝光。

知识延伸：

上述发光现象是由于砂糖晶体的带电棱角相互摩擦而产生的，当所有的棱角都磨掉后就不再发光了。

由外界提供某种形式的能量引起物体发光，除了由摩擦而产生的摩擦发光外，还有光致发光，它是由光激发而产生的发亮现象，人们熟悉的激光就是这样形成的。由辐射引起的发光，叫辐射发光。日光灯管内充有稀薄的水银蒸气，当水银蒸气导电时，就发出紫外线，使涂在管壁上的荧光粉发出柔和的白光。由化学反应引起的发光称为化学发光。取一小片钠投入盛水的烧杯中，钠跟水起反应放出的热量立刻使钠熔成一个闪闪发亮的小球，在水面上迅速游动，并逐渐缩小，最后完全消失。

燃烧的糖

操作难度：★★

实验方法：

糖是由碳、氧、氢三种元素组成的化合物。碳是黑色的固体物质，氧和氢都是肉眼看不见的气体。但是当这三种元素化合后便成为白色的有甜味的结晶——砂糖。

通过燃烧，糖的分子能够分解，但这个实验做起来有些特殊。

用一条细铁线将一块方糖绕住，细铁线同时充当把柄的作用。将方糖的一角用烛焰烧，它实际上并没有烧着，只是熏黑了一些，甚至它开始熔化时，分子也还没有分解。这层黑色的东西是蜡烛烧上来的碳，并不是糖里的碳。

现在用一些香烟灰撒在方糖没有烧过的一角上，再把这一角放在烛焰的边上烧，一两秒钟后，方糖开始燃烧，冒起一个个气泡，发出蓝色的火焰，喷出一个个小烟圈。这时一滴滴黑色并带有光泽的东西熔下来，这些黑色的东西里面就含有糖分子分解时释放出来的碳原子。氢和氧的原子形成其他化合物后散到空气中跑了。

注意别让熔下来的黑色东西烫着你的手，可顺手用碟子把它接住。

知识延伸：

在这个实验中不仅白糖起有变化，蜡烛也发生了变化。它的长度变短了。在燃烧时，不断有蜡烛油滴下来，并有烟冒出，而那些烟就是蜡烛产生的新的物质。我们把这种现象，叫做"化学变化"，化学变化的特点就是在于一种东西在经过一个阶段时，产生了新的物质。

自制电木

操作难度：★★

实验方法：

称15克苯酚晶体，放在烧杯中。把烧杯放在温水里使其熔化，然后注入一个150毫升的圆底烧瓶中。

再往圆底烧瓶中加入15克37%的甲醛水溶液，使它们充分混合，接着注入1毫升浓氨水。

配一个带有长玻璃管和实验用温度计的软木塞，把烧瓶口塞好。把烧瓶固定在铁架台上。然后慢慢地以小火加热，使混合液达到沸腾，不断轻轻地摇动烧瓶，把温度控制在95~98℃。

仔细观察，当混合液变成乳白色并且有些黏稠的时候，把酒精灯移开，使其冷却。倒去上层的水，将下层乳白色（有时可能是红棕色）的物质倒入一个蒸发皿中。加热蒸发皿（不要加热过甚，否则影响后面的实验），时时用玻璃棒搅动，并经常蘸取少许，试其脆性，直至加热物冷却后发脆为止。这时停止加热，冷却。然后将其研碎，并混入2克六次甲基四胺，拌匀。取一支干净的试管，将粉末装入试管压紧，在小火上缓缓烘烤。约20分钟后，一块结实坚硬的电木便做成了。

知识延伸：

甲醛和苯酚混合后，在一定的条件下变成固态的电木的过程，是一种分子缩聚合反应。这两种物质缩聚反应后的生成物叫酚醛树脂。所以电木的学名叫酚醛塑料。这一反应的原理是：苯酚和甲醛混合后，在加热的情况下，分子间就发生了反应，脱去水分子；然后，苯酚和甲醛反应的生成物再相互进一步缩合联接起来，逐步成为高分子物质。所以我们看到烧瓶中的液体变得浑浊而有些黏稠起来。以后，又与六次甲基四胺混合加热，是为了使其进一步交错连接，成为更加巨大的立体型高分子物质。

至于往反应液中加入氨水，是为了加快甲醛和苯酚的反应速度。注意：甲醛和氨水都有强烈的刺激气味，甲醛还有一定的毒性；苯酚有剧烈的腐蚀作用，实验时一定不要让药品接触皮肤。实验要在通风的地方进行。

电木是塑料"家族"中的一个成员。它是电的不良导体，被广泛应用在电器材料上，如电器开关、灯头、电话机壳、仪表壳和一些机器的零件等等。故此人们就总是叫它"电木"。

加热落"霜"

操作难度： ★★

实验方法：

冬天，从外面揉一个雪团拿进屋来，一会儿雪团就会变成水。这是由于屋子里温度高，雪融化了的缘故。可是，在下面的实验中，"霜"却是在加热以后落下来的。

拿一个铁罐头盒，去掉盖，在底上铺上一层砸碎了的安息香酸（苯甲酸）。

再取一根能放进盒内的树枝，一头系在一根小棍上，把树枝倒挂在铁盒中，然后把铁罐头盒放在火上加热。稍过一会儿，把树枝取出来看，枝条上落了一层"白霜"。

雪遇热就融化，但为什么这根树枝在加热的铁罐中却落满了"白霜"呢？

知识延伸：

苯甲酸是白色的结晶固体，具有一种很特殊的性质——升华。升华就是指一种固体在受热时，不经过液体阶段直接变为气体的现象，这种气体在冷却时又可以不经过液体阶段而直接变为固体。当你给铁罐加热时，放在铁罐中的苯甲酸便发生升华现象，固体直接变为气体飞离底部，上升的蒸气遇到温度较低的树枝，又直接凝成固体粉末，落在枝条上。由于这些粉末是骤然冷凝而成，又非常细，所以看上去像是落了一层霜。这就是火中落霜的实质。

苯甲酸是一种有机酸，它的钠盐是一种很温和的防腐剂。

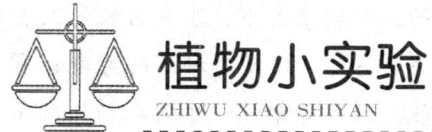

植物小实验
ZHIWU XIAO SHIYAN

■■■ 种子的生命力

操作难度：★★

实验方法：

检验种子是否有生命，方法很多，利用种子萌发的方法当然可以。但是，最简捷的方法是，看它是否在进行呼吸。检验种子呼吸的方法有几种，这里介绍一种。

找一个大玻璃瓶，里面装些干燥的大豆、玉米或小麦种子，约占1/3容积。种子的上面再放一个开口的小玻璃瓶，小瓶里装点烧碱（氢氧化纳）溶液。用软木塞或橡胶皮塞塞住大瓶口，在塞上打一个孔，装上一根弯曲的玻璃管或透明的塑料管。在瓶塞与瓶口之间、玻璃管与塞孔口接触处都抹上凡士林，以免漏气。把管的另一端插入水杯里，在水里滴上几滴红墨水，使水变红。装好后不要动它。过几天后，就会看到红色水沿着玻璃管不断上升，这是什么道理？

我们知道，种子的呼吸是吸收空气中的氧气，呼出二氧化碳。瓶内种子吸收了瓶内空气中的氧气，放出了二氧化碳。但是，它放出的二氧化碳被小瓶内的碱溶液吸收了。因此，整个大瓶里空气的密度变小，压力降低了。这样，大瓶内的气压比外界的气压低，水杯里的水就沿着玻璃管上升了。这就说明瓶内的种子有生命。

知识延伸：

干燥的种子，呼吸是非常微弱的，一般情况下，生命力较持久。潮湿的种子呼吸较旺盛，容易失去生命力。另外，温度对种子的寿命也有直接影响，温度高，种子寿命短；温度低，种子寿命长。不同植物的种子，寿命也各不相同。例如，垂柳的种子成熟后，只在12小时内有发芽能力。也有些植物的种子寿命是很长的，如我国辽宁普兰店发现的古莲子，估计寿命有1000年以上，在北京植物园内发芽生长了。

种子的萌发

操作难度： ★★

实验方法：

种子的生命活动没有停止，不过微弱得难以让人察觉。如果种子遇上了适宜的环境条件，就会慢慢发育成一株幼苗，这个过程就叫做萌发。种子在什么条件下会萌发呢？

找来3只杯子，各贴上一小块胶布给它们编号。在3只杯子中各放入10颗菜豆种子。1号杯中不加入水，2号杯中加入大半杯水，3号杯中加入的水不使菜豆全部淹没，这样一直保持到实验结束。

结果3号杯中的菜豆会顺利发芽。这说明菜豆萌发需要水分、空气和适宜的温度。

知识延伸：

种子发芽是否需要阳光呢？

找两个盘子，放入一些湿沙，在两个盘中分别拌入数十粒麦子。把一个盘子放在阳台上，另一个盘子用搪瓷盆或黑盒子罩上，保持麦子湿润直到实验结束。

结果你会发现种子萌发和阳光没有多大关系。因为种子萌发所需要的营养来自种子内部贮藏的养料，不需要进行光合作用，所以它就不需要阳光了。

当然也不全是如此，根据一些种子的特性，它们在黑暗中发芽的情况会差一些。

幼芽弯曲了

操作难度：★★

实验方法：

你把一些草籽或小麦、绿豆的种子放在小盘里，洒上点水，然后用一个硬纸筒把小盘扣上，放在温暖的地方。过几天，你打开纸筒看看，一粒粒草籽都会发芽，而且芽鞘笔直。你再糊个硬纸筒，在侧面钻个孔，然后把幼芽分成两半，一半扣在有孔的纸筒里，让光线从小孔进去；另一半仍然扣在无孔的纸筒里。

几天以后，两个纸筒里的小芽的生长情况截然不同了：无孔纸筒里的芽鞘仍然笔直向上；而有孔的纸筒里的芽鞘却向着小孔的方向弯曲了。

这时候，你用黑纸做一个纸帽，罩在直芽鞘的顶尖；再用黑纸做个环带，套在另一个直芽鞘尖端稍下的地方。然后把两个芽鞘扣在带孔的纸筒里。结果，带纸帽的芽鞘没有弯曲，而套环带的芽鞘向小孔弯曲了。你把一个芽鞘的顶端切去，也用带孔的纸筒扣上，芽不再弯曲，也停止生长了。这说明确实是芽鞘的顶尖在光照下所产生的生长素比较多，导致幼芽弯曲。

接着你把一个芽鞘尖切下来，在切剩的芽鞘顶上放一块琼脂（一种植物胶，菜市场有卖的，也叫洋菜），再放上芽鞘尖，扣在有孔的纸筒里。结果，芽鞘又向有光的一侧弯曲了。

这说明在光照下，芽鞘尖所产生的物质能够流动。流向是怎样的呢？

你在芽鞘背光的一侧，嵌入一片锡箔（包香烟的锡纸就可以），不让汁液通过。结果，芽鞘正直生长，也不向有光的一面弯曲了。但是，如果把锡箔片嵌在向光的一侧，芽鞘又弯曲了。可见，那种物质是从背光的一侧流向芽鞘下面的。

向日葵能够向着太阳转也是这个道理。

知识延伸：

达尔文和他的儿子在100多年前也做过上面这个实验。

一天，生物学家达尔文的儿子用草籽去喂金丝鸟。不小心把几粒草籽掉在紧靠墙角的地上。几天以后，角落里长出了小草的嫩芽，有趣的是，这些小芽全都是弯的，而且弯向有光的一边。

这个现象引起达尔文父子的兴趣。他们想弄清楚，是不是所有植物发芽的时候都是这样，于是，父子俩设计了一个巧妙的实验。

他们把一些草籽放在小盘里，洒上点水，用硬纸筒扣上小盘，放到温暖的地方让草籽发芽。几天后，他们拿开纸筒，草籽果然都发了芽，而且幼芽是直的。他们又做了一个硬纸筒，并在侧面钻了个小孔，再把幼芽分成两半，一半扣上没有孔的纸筒，一半扣上有小孔的纸筒。实验使他们得到一个重要的发现：植物的芽鞘弯向有光的一面。

然而，芽鞘为什么会向有光的地方弯曲呢？

达尔文父子通过实验知道了：只有芽的顶尖，才能接受光线刺激。他们推论：顶尖在光的作用下，产生了某种物质，这种物质能使幼芽发生弯曲。

1880年，达尔文发表了这个重要的发现。

可是，这个重要发现当时并没有引起人们的重视。直到三十年后的1910年，丹麦植物学家波森才继续研究这方面的问题，他想搞清楚：在光作用下芽鞘产生的这种物质有什么特性。他实验后证实了：芽鞘尖端产生一种化学物质，它溶解在植物的汁液里，并在植物体中流动。

那么，这种物质是怎么运动的呢？波森认为，它是从芽鞘背光的一侧运送到芽鞘下部的。

虽然波森并没有弄清楚这种物质的特性，但是他的实验，却启发了荷兰科学家温特。1928年，温特用燕麦的胚芽做了一个实验，终于从燕麦芽尖中提取出了这种物质，因为它能促进植物生长，当时就叫它"植物生长素"。温特还测定出芽鞘背光的一侧运送的植物生长素是 65.3%，向光的一侧运送 34.7%。

1934 年，荷兰化学家又从人尿中提取了这种植物生长素，并且弄清了它的化学结构是吲哚乙酸。经过半个世纪的探索，终于揭开了植物向光性的秘密。

科学家发现植物生长素以后，各国都相继进行了广泛的研究。目前已经搞清了许多种不同类型的生长素的化学结构和它们的作用机理，并且用人工方法合成了许多种生长素。

1942 年发现，一般在低浓度的时候，生长素促进植物生长；浓度大的时候，还能抑制植物生长。

1945 年又发现，有的生长素能杀死双子叶植物，而对单子叶的禾谷类作物没有任何伤害，所以被广泛地用作除草剂。

总之，目前各国已经大量地人工合成生长素，并且应用在农业生产上，比如用来控制植物的生长，诱导插枝生根，诱导植物开花，增加棉花、果树和蔬菜的结果率，培育无籽果实，延长休眠或抑制块根、块茎和鳞茎等的发芽，单倍体育种、遗传工程等许多方面。

不往下长的根

操作难度：★★

实验方法：

将玉米种子放在湿沙土层上，保持适宜的温度和湿润的条件。待种子长出 1~2 厘米的根时，选出两株，将它们的根沿水平方向放置，并把其中一株玉米根的尖端切去。几天后会发现，没有切除根尖的根自动向下弯曲生长，而切去根尖的根似乎迷失了方向，径直沿水平方向生长。

知识延伸：

植物的根有向地性，就是说它能"感觉"到重力的刺激，所以水平放置的根会自动向下弯曲。感受和控制根的这种特性的"司令部"在根冠（根尖），是根冠根据重力的方向变化而分泌生长素来控制根的弯曲方向的。因此，根冠一旦被切除，根就不再向下弯曲了。

根毛怎样吸水

操作难度：★★

实验方法：

大多数高等植物的吸水器官是根上的根毛。根毛很细，但是每株植物的根毛加起来总长度却很长。比如一株健壮的玉米，把根毛连接起来，可达 25 千米。这么多的根毛是怎么吸水的？研究发现，根毛吸水是通过细胞膜来完成的。细胞膜是一种很特殊的薄膜，它究竟怎样吸水呢？要弄清这个问题，还需要追溯到 100 多年前的实验。

早在 1862 年，英国化学家格拉汉姆发表了胶体物质的研究。几年以后，特劳伯就利用胶体来研究细胞的渗透现象。他用一滴胶体溶液加到鞣质酸溶液当中，结果在这两种液体相接触的面上就形成了一种薄膜。后来又发现，这个膜只允许某些小分子物质（比如水）透过；而不让大分子的物质（比如糖、蛋白质、脂肪等）透过，科学家把这种膜叫做半透膜。特劳伯是第一个研究半透膜的人。

后来，科学家费倍尔对半透膜进行了广泛的研究，认为动植物的细胞膜都具有半透性的特点。比如，根毛细胞、膀胱壁、毛细血管壁和肠壁等都是半透膜。

为了进一步了解细胞膜是一种半透膜的道理，我们可以用带微孔的玻璃纸来做个实验。

怎样使玻璃纸打上微孔呢？用小针吗？不行！针眼太大。要用化学方法来打孔。

找一张普通玻璃纸，擦干净后平铺在大碗或大碟子里，倒进一些20%浓度的硫酸铜溶液，要浸没玻璃纸。在室温为10~20℃下，浸泡一小时以后，用镊子取出来（硫酸铜有些毒性，不要用手取，以免误入嘴里）。用清水冲洗干净，半透膜就做成了。20%的硫酸铜溶液能把玻璃纸腐蚀成许多肉眼看不见的小洞洞。

你把番茄汁包在玻璃纸半透膜里，用线把膜袋口紧紧扎住，然后慢慢地放在盛有浓盐水的瓶子里，让半透膜袋悬在盐水中。不一会儿，就看到半透膜袋明显地变瘪了。这是番茄汁中的水分通过半透膜进入了浓盐水里造成的。

这时候，你把膜袋取出来，再把它悬在另一个盛有清水的深盆里。不久，你又会看到半透膜袋慢慢地鼓了起来。这是因为水分通过半透膜进入到玻璃纸半透膜袋里来了。

植物根毛细胞的吸水跟这个道理完全一样。当土壤溶液的浓度小于细胞液的时候，根毛细胞就吸水；相反，根毛细胞就排水。但是必须强调，细胞膜绝不是一种简单的、机械的半透膜。它的功能跟活细胞的生命活力有密切关系，一旦活细胞的生命活动受到阻碍或停滞了，细胞膜的半透性也会发生很大变化，甚至丧失半渗透能力。

再做这个实验，你就会更清楚地懂得根毛细胞的吸水道理了。

把一个胡萝卜的顶部削去，在切口面上用小刀挖一个圆孔，孔的大小要正好能塞紧一个软木塞（或橡皮塞）。从圆孔向下，把胡萝卜芯里的肉挖出去，成一个长柱形的深坑。注意不要把胡萝卜捅穿——这是实验成败的关键之一。

找一个刚好能把坑口塞紧的软木塞。在软木塞的中心也钻一个小孔，刚好能插进一根两头开口的玻璃管。

在胡萝卜坑里灌满浓糖水（要用白糖或红糖，不能用葡萄糖）。塞上软木塞以后，糖水就进入玻璃管里，记下这时候玻璃管上的水位。然后，用熔化的蜡把软木塞封住，不能漏气——这是实验成败的关键之二。

在一个干净的大玻璃杯或大口瓶里，装上干净的水，再把上面的一套装置放在水中，让玻璃管口露出水面。

大约10分钟，玻璃管中的液面慢慢上升。如果玻璃管比较短的话，一小时以后，糖水就会从玻璃管的上口溢出来。时间越长，溢出来的水越多。你尝一尝溢出来的水有甜味，再尝尝杯子里的水，一点甜味也没有。可见，杯子里的水透过胡萝卜，渗进了胡萝卜坑里，所以糖水会增加；然而胡萝卜坑里的糖水却没有进到杯子里去。

这是什么原因呢？秘密也在细胞膜上。胡萝卜的细胞膜就好像我们筛土用的筛子一样。筛子只允许小于筛孔的土粒通过，大于筛孔的土粒就过不去。像水和溶解在水里的食盐等无机物，它们的分子比较小，可以自由通过细胞膜，像白糖、红糖、淀粉、蛋白质等有机物，它们的分子大，就不能通过细胞膜。

那为什么胡萝卜细胞里的水不会倒流到杯子里面去呢？这是由第二种因素，即膜的两边溶液的浓度来决定的。如果细胞液的浓度大于外面溶液的浓度，外面的溶液里的水分就会渗进细胞里；如果细胞液的浓度小于外面溶液的浓度，细胞液里的水分就分流出去。杯子里的清水不含糖类等有机物质，所以水就很快渗进胡萝卜里去了。

知识延伸：

在一般情况下，根毛细胞液的浓度总是大于土壤溶液的浓度，所以根里的水是不会倒流到土壤里去的！如果给花草树木及农作物施用太浓的肥料水时，植物体里的水就会倒流到土壤里，植物很快会打蔫甚至枯死。

科学家利用细胞膜的半渗透特性，来速测种子的成活率，从而快速地了解种子的质量。方法很简单：取5毫升红墨水，用95毫升的冷开水或自来水稀释，就配制成了5%的染色液。配制多少染色液要看种子多少来决定，配好随即使用。取50粒玉米种子，浸泡在30℃左右的温水里，大约泡三四个小时。

种子充分膨胀以后，用刀片把每粒种子纵切成两半。再把它们全部浸没在盛有红墨水染色液的碗里，半小时以后，把红墨水染色液倒掉，再用自来水反复冲洗种子，一直到冲洗后的水不带红色为止。

最后把洗净的种子平铺在白纸上,仔细地察看每一粒种子的胚和胚乳的着色情况。如果种子的胚,特别是胚根部分,已经全部被染成红色,而且和胚乳的着色程度相近,这样的种子肯定是丧失发芽能力的死种子。如果种子的胚出现斑斑点点的红色,说明种子的部分组织已经死亡,是生命力较弱的种子。如果种子的胚和胚乳完全没有着色,或者略带浅红色,这些种子就是生命力较强的活种子。用这种方法就可以快速地测算出种子的发芽率。

为什么用红墨水染色就能知道种子的死活呢?这是由于种子活细胞的原生质膜是一种半透膜,这种半透膜不能透过红墨水的微小颗粒,所以活种子的胚就不会染色。死种子细胞的原生质膜丧失了半透性,红墨水的颗粒就可以自由地进入细胞,胚和其他部位就很容易染上红色。

植物不能倒着长

操作难度:★★

实验方法:

植物的根总是向下长,芽总是向上长的。能不能倒过来,让根向上长,芽向下生长呢?现在我们可以设计这样一个很简单的实验:

挑选四粒优质玉米种子,用水浸泡四个小时后,平放在洗干净的培养皿底部,每粒种子的尖头都向着中心部位,分上下左右四个方位摆好。

把一张吸水纸剪成圆片,直径要和培养皿的直径相等,盖在种子上面。

再找一些脱脂棉,用水浸湿了,铺在吸水纸上面,使皿盖能压住棉花(同时能把四粒种子固定住)。盖好盖以后,把皿侧立放置,种子分别处在上下左右四个方位,并写个"上"字作为标记。然后,把皿用一点黏土固定在木板上。

把这套装置放在室内25℃左右的地方。如果棉花干了,可以打开皿盖,加些水。一定注意不能改变皿的方位,有"上"字的那边永远向上。

三五天以后,从皿底就可以看到种子发芽了。上面那粒种子向正常的方向发芽；下面那粒种子的发芽方向颠倒了——芽向下长，根向上长；另外两粒种子向横的方向发芽。但是，过了几天，又出现新的变化：左右和下面那三粒种子的芽和根开始拐弯，芽拐了个弯向上生长，根弯过向下生长了。

通过化学分析知道，这个现象说明植物的生长是受生长素调节的，而生长素的分布受重力的影响。当植株横放的时候，幼芽的尖端下方分布的生长素比较多，那么下方的生长速度就快，因而幼芽就向上弯曲了。这样看，芽总是背着重力的方向，向上生长，这就叫芽的背地性。幼根的尖端下方分布的生长素也比较多。根对生长素要比芽更敏感。过量的生长素反而会抑制细胞的分裂，使根的生长速度变慢。这样，在根尖上方生长素分布比较少的地方，反而生长得快。幼根总是朝着重力的方向，向下生长，这就叫做根的向地性。

经过研究，知道根和芽对重力最敏感而发生弯曲的部位，只限于尖端的一小部分。

玉米种子刚发芽的时候，你把它的根和芽的最尖端都切掉。看看结果会怎么样？

人们发现地球引力不仅对于植物生长发育的方向有影响，而且对开花结果也有一定影响。实验证明横向的枝条开花结果多，人们用苹果树做试验，使苹果树的枝条横向生长，结果比一般苹果枝条上的花开得多、开得早。

知识延伸：

重力影响植物生长的方向是怎么被人们发现的呢？1806 年，植物学家赖德在研究植物的时候发现，种子无论放在什么位置上，发芽的时候，幼根必然向地心弯曲，而幼芽则向相反的方向伸去即背着地心的方向生长。他认为这是由于地心引力作用的结果。后来，他精心设计了一个很有名的实验，进一步研究地心引力对幼芽是不是有这个影响。

他把发芽的种子放在一个直立旋转的轮盘边缘上面，使根放射状地向着各个不同的方向。结果看到不同方向上种子的根都朝轮盘外生长，而幼芽都朝轮盘中心生长。这就证明了幼根是朝力的方向（离心力的作用方向是向外的）生长的，而幼芽是背着离心力的作用方向生长的。

后来，他又把轮盘横着放，并且控制旋转的速度，观察离心力跟重力（即地心引力）的相互影响。他发现，离心力可以减弱重力的作用。当离心力达到一定程度的时候重力作用就没有了，根就向轮盘外生长。

以后，有不少学者重复了赖德的实验。他们是这样设计的：把花盆横放的时候，幼芽就背着重力方向向上弯曲。如果把横放的花盆用个动力带动，以慢速旋转的时候，幼芽就正直向前生长，不再弯曲。这个实验也证明了植物横放时，芽还是要背地心生长的，但是横放的植物被转动的话，就可以抵消重力的作用，根向外长，芽向中央长。

植物的向光性

植物在发育生长过程中受阳光照射的影响会朝着阳光射来的方向生长，我们称之为"向光性"。

把牵牛花籽种在小花盆里，等发芽长成幼苗后放在一只纸盒子里，花盆紧靠纸盒的一边。盒内用硬纸做一个隔墙，下方留一点空隙，在另一侧上方开一个小窗。盖上盒盖，把纸盒放在阳台上。一个星期后，牵牛花秧会从小窗中探出头来。

原来，在植物细胞里有一种对光线非常敏感的生长素，它控制着植物发育和生长的方向，只要盒内有一点点光线，这种生长素就会发挥作用。

知识延伸：

向光性（英文：phototropism）是向性的一种，指生物的生长受光源的方向而影响的性质，常见于植物之中。植物向光生长，有利于获得更大面积、更多的光照，有利于光合作用，维持植物更好的生长。

给向日葵授粉

操作难度：★★

实验方法：

本实验的目的是让大家了解给植物授粉的方法。

用柔软的绒布包上棉花等松软的填充物，缝制一个授粉的粉扑，粉扑的大小和向日葵的花盘相仿，注意表面一定要呈凸形。

授粉开始时，选两颗向日葵，A 和 B。先扑 A 花盘，再扑 B 花盘，B 花盘扑过之后，再扑一次 A 花盘，其他花盘依次扑就行了。这样做的目的是为了保证每个花盘上的花粉都能充分地得到异花授粉。

每个花盘可授粉 3~4 次，每隔 3~5 天进行一次授粉。每次授粉的时间要选在晴天早晨露水刚干的时候，因为此时花粉的生命力最强，授粉效果最好。

知识延伸：

掌握了向日葵的授粉方法之后，可以用这种方法给各种蔬菜和水果，甚至是花卉授粉。你会发现，各种植物在我们干预之后，结出了比平常情况大不一样的果实。

同学们可以给你自家庭院里的丝瓜、苦瓜等所有你能找得到的开花、结果的植物授授粉，然后耐心地等待结果。

花粉和柱头亲和力

操作难度：★★

实验方法：

请同学们商讨、设计一个研究计划。计划大体可分下列几个项目。

1. 研究目的：研究几对植物花粉和柱头的亲和力，为苹果园或梨园配植授粉树以及植物杂交工作提供理论依据。

2. 参加人员：写上小组负责人和组员的姓名。

3. 预计完成时间：写上年、月、日。

4. 器材准备：包括仪器药品和实验植物的准备。其中的实验植物可选几棵梨树品种、几棵苹果树品种作自花亲和力及品种间花的亲和力试验，在小麦品种间、种间和属间作亲和力试验。在棉花等作物中作远缘花的亲和力试验。

当然结合学校的情况和当地生产的需要去选择别的植物作实验材料，那就更合适了。

5. 研究方法：这是计划的主要部分。要写出进行研究的具体方法、工作进展日程、参加者的必要分工等。

6. 结果分析：对实验结果做科学的解释和分析。

7. 问题讨论：通过试验，总结出一些肯定、否定和尚待研究的问题。并对此一一提出自己的见解。如：试验证明××花粉受××柱头分泌物的刺激，萌发力最强，……萌发力较差；……没有萌发力。对后者可以否定其亲和力，但对前者则不能完全肯定其亲和力。因为我们仅做了柱头对花粉单方面影响的试验，没做花粉对柱头影响的研究。对此有待今后的工作和实践再做进一步的结论。

知识延伸：

据前人的研究结果得知，花粉能否萌发决定于花粉和柱头的"亲和力"（也叫亲和性）。自花授粉植物的柱头对外来花粉没有亲和性，远缘杂交不育也是这种不亲和性的生理原因。据此推理，似乎是植物的亲缘关系越近，其亲和力越强，但也不尽然。有些异花授粉植物（如某些苹果品种、某些西洋梨品种）的花粉，对本品种花的柱头，表现为不亲和性。

茉莉花的繁殖

操作难度：★★

实验方法：

本实验的目的是要大家熟悉植物的一种繁殖方法。

许多植物的枝条是比较柔软的，像夹竹桃、蔷薇花、茉莉花等，这些植物可用压条繁殖法繁殖。

压条的时间，选在清明以后，气候变暖，植物生长旺盛的时期为宜。

将要埋入土中的枝条的表皮，用刀切割几条伤口，或进行环状剥皮，这样有利于长根。

将待压枝条用手弯出弧形，把它埋入土中，并且压实，防止枝条离开地面。

注意浇水，保持土壤湿润，几个星期之后，所压枝条就会生出根来。生根后，将它与母体分离，用剪刀剪开。

知识延伸：

茉莉花的虫害主要有卷叶蛾、红蜘蛛和介壳虫。对卷叶蛾、红蜘蛛，常用2000倍1059稀释液喷洒防治。蚧壳虫是一种体形微小、吸食汁液的害虫，寄生在枝条和叶的背面，茉莉花被害后，叶片呈灰白色斑点，严重时整株死亡。防治方法：用60倍机油乳剂稀释液喷洒枝叶；用手轻轻抹或用旧牙刷刷除。

树叶沉浮的奥秘

操作难度：★★

实验方法：

摘两片新鲜的树叶，放入盛有清水的玻璃烧杯中，树叶浮在水面，不会下沉。取出树叶，用小刀将这两片树叶割成小小的碎片。取一支医用注射器，拔出活塞，将碎叶片倒入注射器内，装上活塞，并从烧杯中吸入一些清水。

保持注射器小孔竖直向上，缓慢推动活塞使注射器内的空气从小孔中排出。然后，用左手大拇指堵住小孔，用右手将活塞反复抽拉、压入多次。注意，可别把活塞拉出注射器外，压入时也别过分用力，以免水从活塞和器壁的缝隙中溢出。再把注射器内的碎叶片倒入盛水的烧杯中，此时你可发现，碎叶片徐徐沉入水底，不再浮在水面上。

把底部沉有碎叶片的烧杯，移到太阳光可直接照射到的地方，如果是阴雨天或晚上，可放在灯光下。不一会儿，就可以看到原来沉在杯底的碎叶片，又开始慢慢向上浮起来。用一块厚布或硬纸板遮住烧杯使之和光源隔离，你会惊奇地发现，碎叶片立刻停止上升，并停在各自的位置上不动了。移开遮光物，稍过一会儿，碎叶片又会徐徐上升。

知识延伸：

新鲜的树叶内细胞与细胞的间隙中充满了空气，其密度略小于水，所以不论是整片的树叶还是切碎了的叶片，投入水中都会浮在水面上。反复抽拉、压入活塞的作用，是把碎叶中的空气抽出，使水渗入其中。当细胞之间的空气被水代替后，叶片便沉入水中。新鲜树叶细胞内的叶绿素仍具有光合作用能力，当太阳光或灯光直射碎叶片时，在叶绿素的光合作用下产生了氧气。氧气源源不断地进入细胞与细胞的间隙，将其中的水排出，使叶片的密度逐渐减小到未抽气前的大小，于是碎叶便慢慢上升，直至重新浮在水面上。遮住阳光,叶绿素不再产生氧气,不能继续将水从细胞间隙中挤出去,碎叶的密度就暂不改变,叶片便停在原处不再上浮或下沉。

显然,决定叶片沉、浮的奥秘,还是碎叶与水的密度大小的关系。抽气和光照,都只是改变碎叶密度的一种手段。

叶片的蒸腾作用

操作难度:★★

实验方法:

本实验的目的是让大家观察叶片的蒸腾作用。

实验需要的工具有:凡士林少许,一块玻璃板,一只透明玻璃杯。

采大小适中的新鲜叶片10片,在每片叶柄的剪截处用凡士林涂封,将10片涂封好的叶片放在玻璃板上,再将透明璃杯倒扣在叶片上,为防止漏气,可将玻璃板与玻璃杯之间用凡士林涂封,将这个密封的容器放在阳光下。

几个小时后再去观察,结果发现玻璃杯内壁上有许多水珠,这些水珠从叶子的气孔中蒸发出来,并凝结在玻璃杯上。

知识延伸:

蒸腾作用是水分从活的植物体表面(主要是叶子)以水蒸气状态散失到大气中的过程。与物理学的蒸发过程不同,蒸腾作用不仅受外界环境条件的影响,而且还受植物本身的调节和控制,因此它是一种复杂的生理过程。植物幼小时,暴露在空气中的全部表面都能蒸腾。

成长植物的蒸腾部位主要在叶片。

叶片蒸腾有2种方式:①通过角质层的蒸腾,叫做角质蒸腾;②通过气孔的蒸腾,叫做气孔蒸腾,气孔蒸腾是植物蒸腾作用的最主要方式。

蒸腾是植物吸收和运输水分的主要动力,可加速无机盐向地上部分运输的速率,可降低植物体的温度,使叶子在强光下进行光合作用而不致受害。植物蒸腾丢失的水量是很大的。据估计1株玉米从出苗到收获需消耗两三百千克水。自养的绿色植物在进行光合作用过程中，必须和周围环境发生气体交换。因此，植物体内的水分就不可避免地要顺着水势梯度丢失，这是植物适应陆地生活的必然结果。适当地抑制蒸腾作用，不仅可减少水分消耗，而且对植物生长也有利。在高湿度条件下，植物生长比较茂盛。蔬菜等作物生产中，采用喷灌可提高空气湿度，减少蒸腾，一般比土壤灌溉还增产。

绿叶造淀粉

操作难度：★★★

实验方法：

本实验的目的是证明绿色植物的光合作用的存在。

实验需要的材料有：两盆同样品种的植物（叶片要较大），酒精，碘酒，烧杯（透明玻璃瓶也可）。

准备好材料以后，将一盆绿叶植物放在阳光下照射。另一盆放在暗处，并用黑布盖住。

第四天下午，从每盆植物上各取5张叶片，分别在叶片上，用小刀刻上记号。阳光下的叶片刻S；暗处的叶片刻D。

将叶子放到装有酒精的烧杯里，放在火上加热，当叶子由绿色变成黄白色时，把叶子取出。经清水冲洗后，再放在玻璃板上。

在每张叶片上滴上2~3滴碘酒，5分钟后，再用清水把叶片上的碘酒洗掉。

结果，经阳光充分照射的叶片变成了蓝色，说明叶片中有淀粉存在，而淀粉是由于光合作用制造出来的。放在暗处、未经阳光照射的叶片呈黄色，说明叶片上没有淀粉，证明无光照不能进行光合作用。

知识延伸：

本实验还可用另一种方法进行。

晴天的早晨，在室外种植的绿色植物上，选好几张大小形状相似的叶片，叶子不要从植物上摘下。

用黑纸将每张叶子的上下端的 2/5 遮盖住，只留下中间的 1/5 在阳光下照射。

下午 4 点以后，除去黑纸，重复前面的操作，可以证实叶片上只有受到阳光照射的部分，才能制造出淀粉。

光合作用的现象本身就证明了能量的转化关系，能量是不能制造出来的，只能由一种能量形式转化为另一种能量形式。淀粉是由太阳能转化而来的，没有太阳能自然也就不能制造出淀粉。

淀粉粒的观察

操作难度：★★

实验方法：

请你事先准备一块甘薯（红薯）块根，一块马铃薯（土豆）块茎，一段藕（莲的根状茎），几粒泡软的小麦和大米。实验时，用洗净的小刀将材料一一切开，并刮（或挤压）其切面，弄破细胞，其中的淀粉粒则破壁而出。

然后将刮出的汁液分别涂在编号的载玻片上，加盖玻片，依次放在显微镜下观察（先用低倍镜，后用高倍镜），就可见到淀粉粒的真面目了（不同植物的淀粉粒的形状和小大均有差异）。为了看得更清楚，可用碘酒染色，然后再观察，这时看到的淀粉粒为蓝色，其形象非常清晰。

知识延伸：

同学们都吃过藕粉和做菜和做饭用的芡粉，就是从植物细胞中提取出来的淀粉。如果将淀粉放在显微镜下观察，可以清楚地看到它呈粒状，所以称之为淀粉粒。淀粉粒存在于有贮藏机能的细胞的细胞质中，它不是细胞本身的固有结构，而是细胞内含物。

让秋海棠叶长根

操作难度：★★

实验方法：

本实验的目的是让大家熟悉用叶子繁殖植物的方法。

实验用具：一只木箱或纸箱，一些沙土，刮胡刀片。

选用秋海棠花的叶子，采下几片健康、肥硕的海棠叶子。用刀片将秋海棠叶背面的叶脉割断。

取一只木箱或纸箱，把用清水洗净的细沙放入箱内。

把切过叶脉的秋海棠叶片背面紧贴在湿沙土上，把叶柄插入沙土中。

将木箱放在温暖的地方，温度保持在 28~30℃，每天在箱的四周浇水，使沙土保持湿润。

几天后，叶柄和叶背切口处生出不定根，叶正面上长出叶芽，再过几天就可以将小秋海棠移入盆中了。

知识延伸：

养好四季秋海棠水肥管理是关键。浇水工作的要求是"二多二少"，即春、秋季节是生长开花期，水分要适当多一些，盆土稍微湿润一些；在夏季和冬季是四季秋海棠的半休眠或休眠期，水分可以少些，盆土稍干些，特别是冬季更要少浇水，盆土要始终保持稍干状态。浇水的时间在不同的季节也要注意，冬季浇水在中午前后阳光下进行，夏季浇水要在早晨或傍晚进行为好，这样气温和盆土的温差较小，对植株的生长有利。浇水的原则为"不干不浇，干则浇透"。

白花变红

操作难度：★★

实验方法：

本实验的目的是让大家观察植物中水分流动的过程。

实验所要的材料有：红墨水，一支或几支半透明的植物的茎和叶，一只透明的玻璃瓶，单面刮胡刀片一片。

选取一支半透明的植物的枝条，枝条上最好带白色花，将其插入放有红墨水的玻璃瓶中。

不时地观察一下枝条的变化，可以看到红线条自下而上缓慢地移动，从茎柄延伸到叶脉，最后到花瓣。

将枝条放在玻璃板上，用刮胡刀片将枝条沿茎的方向和垂直茎的方向切开观察。

知识延伸：

白花为什么会慢慢变红呢？其实那是墨水的颜色，白花不过吸收了墨水，才慢慢变红。

以糖引水

操作难度：★★

实验方法：

把苹果上端的果皮削去，用刀挖成一个倒圆锥形的洞窝，使圆锥状洞窝的尖端开口，恰好位于苹果的另一端。按大口朝上小口向下的方向悬放苹果。

注意观察苹果底部开口处，半天也不见有水分流出。

这时，你若把白砂糖（或食盐等）均匀洒在洞窝里面，马上就会看到锥面上神奇地出现了水分。水分渐渐汇聚于底，"塞"满开口。约20分钟，一颗晶莹透亮的水珠自然滴落下来。此后，水分便不断地渗出、流淌、滴下。

知识延伸：

苹果洞窝里面有少许水分，将糖洒到上面，砂糖溶化，形成一层高浓度的溶液。因为苹果细胞液的浓度较低，于是水分就从低浓度的苹果细胞液里渗透到外面的糖液里，然后汇聚成"水流"。

细胞的作用

操作难度：★

实验方法：

拿两只大土豆，把其中一只放在水里煮几分钟。然后把两只土豆的顶部和底部都削去一片，在顶部中间各挖一个洞，在每个洞里放进一些白糖，然后把它们直立在有水的盘子里。经过几个小时以后，生土豆的洞里充满了水，而熟土豆里仍然是白糖颗粒。

生土豆的细胞是活的，它好像一个孔道，能够使水分子通过。盘里的水经过土豆壁渗入洞中。而煮过的土豆细胞已被破坏，所以没有渗透功能。

知识延伸：

请你尝尝放生土豆盘子里的水，有甜味吗？没有。为什么生土豆里的糖水没进到盘子里？秘密在细胞膜上。土豆的细胞膜好像筛子一样，只允许小于筛子孔的颗粒通过，大于筛子孔的颗粒就过不去了。白糖的分子比较大，通不过细胞膜，所以，盘里的水就不甜。懂得了这个道理，你再给花草树木施肥时，千万不要用太浓的肥料水，否则，植物体里的水就会倒流到土壤里，使植物打蔫甚至枯死。

鉴定细胞的死活

操作难度：★★

实验方法：

下面我们介绍一种用活体染色技术鉴定植物细胞死活的方法。

本实验需要如下材料和用具：洋葱鳞茎、小麦叶片或紫鸭跖草叶片、刀片、尖头镊子、载玻片、盖玻片、显微镜、0.03%中性红溶液、1摩尔/升硝酸钾溶液、酒精灯。

实验步骤如下：

1. 削取较幼嫩的洋葱鳞片，在内表面切割5平方毫米左右的方形切痕，用尖镊子撕下这块内表皮，投入0.03%的中性红溶液中。如用小麦叶片，表皮不易撕取，可把叶片平放载玻片上，加水蘸湿，用刀片轻轻刮去上表皮、叶肉和叶脉，只留下一层下表皮，再切割成5平方毫米的小片。

2. 染色10~15分钟后取出，用蒸馏水稍加冲洗，在低倍镜下观察，此时主要是细胞壁染色，原生质和液泡不着色。

3. 将制片放在自来水（pH值略高于7.0）中浸泡10~15分钟，再进行显微观察，此时细胞壁完全脱色，液泡染成均匀的樱桃红色，细胞核和原生质不着色。

4. 将染好的表皮浸入1摩尔/升的硝酸钾溶液中，约10分钟后取出观察。由于钾离子能使原生质膨胀，发生帽状质壁分离，因此能清楚地看到无色透明的原生质和染为红色的液泡。

5. 将表皮组织加热或酒精浸泡，杀死细胞后再染色，则可看到死细胞的细胞质及细胞核都染上颜色，而看不到活细胞具有的液泡染色现象。

如将步骤3中的活染制片在酒精灯火焰上微微加热，以杀死细胞，也可看到原生质呈不均匀的凝胶状，与细胞核一起被染成红色。

另外，在活染制片中仔细寻找，也可能看到个别死细胞，经中性红染色后其细胞核清晰可辨。

知识延伸：

活体染色是利用某种对植物无害的染料稀溶液进行活细胞染色的技术。中性红是常用的活体染料之一，它是一种碱性染料，也是一种弱碱性pH值指示剂，变色范围在pH值6.8~8.0之间（由红变黄）。在中性或微碱性环境中，植物的活细胞能大量吸收中性红并向液泡内排泌。由于液泡通常呈酸性反应，因此进入液泡的中性红呈现樱桃红色，在这种情况下，原生质和细胞壁一般不着色。

死细胞由于膜的选择透性消失，液泡破坏，因此不产生液泡着色现象。但中性红的阳离子却与带有一定负电荷的原生质及细胞核结合，使原生质和细胞核染色。

观察植物导管

操作难度：★★

实验方法：

在植物根、茎等器官的木质部里，都存在一些可以输导水分和无机盐的上下相通的管子，即导管。导管壁上有不同程度的增厚，形成各种花纹。因为花纹不同，导管的名称也就各异。在显微镜下可以看得清清楚楚，很有意思。

事先买一些又粗又长的新鲜大豆芽，稍加泡洗，随即到实验室内做实验。

取一粗壮挺硬的豆芽胚茎，捏在左手食指上，右手持极锋利的刀片（刮胡刀片），从胚茎上纵削下一张张薄片（越薄越好），放入事先准备好的清水中。

取一张洗擦干净的载片，滴上一滴清水，放入刚才削好的胚茎薄片（要用小镊子从清水中挑选最薄的一片），然后加1~2滴30%的盐酸-间苯三酚饱和液，使木质化的次生壁染成红色。再加盖片，放在显微镜下观察。

在显微镜下观察，可以看到在许多纵行的薄壁细胞之间，有许多已染成红色的导管。请你辨认哪是环纹导管、螺纹导管、梯纹导管、网纹导管、孔纹导管和一些过渡类型的导管？

知识延伸：

导管（vessel）植物体内木质部中主要输导水分和无机盐的管状结构。为一串高度特化的管状死细胞所组成，其细胞端壁由穿孔相互衔接，其中每一细胞称为一个导管分子或导管节。导管分子在发育初期是生活的细胞，成熟后，原生质体解体，细胞死亡。在成熟过程中，细胞壁木质化并具有环纹、螺纹、梯纹、网纹和孔纹等不同形式的次生加厚。在两个相邻导管分子之间的端壁，溶解后形成穿孔板。在被子植物中，除少数科属（如昆兰属、水青树属）外，均有导管；导管也存在于某些蕨类（如卷柏、欧洲蕨）和裸子植物的买麻藤目中。

蒸腾拉力

操作难度：★★

实验方法：

下面我们做一个实验，来证明叶片蒸腾时产生很大的蒸腾拉力，它是植物体内水分沿导管上升的主要动力。

实验需如下材料和用具：侧柏（或棉花等）带叶枝条，长约 50 厘米，直径约 0.5 厘米玻璃管一根，铁架，滴定管夹，橡皮管，小烧杯，水银，氢氧化钠溶液。

1. 将玻璃管用氢氧化钠溶液洗净，再用水冲洗后备用。取长约 8 厘米粗细与玻璃管相当的橡皮管，洗净后一端套在玻管外面，另一端准备插枝条用。

2. 选取枝叶生长旺盛的侧柏（或其他植物枝条），将基部一段的树皮剥去，并在水中将茎基部剪去一小段后，插在水中备用。

3. 在玻管和相连的橡皮管内吸满冷开水，管下端用手指堵紧，将基部削皮的枝条插入上端的橡皮管内，再将下端插入盛有水银的烧杯中，移开手指，然后将其固定。也可以在水银上面加一层水，既可防止水银蒸气产生，又可使堵住玻管下端的手指只要伸入水层后即可移开，然后再继续将玻管插入水银层中。注意整个水柱内不能有气泡存在。

4. 由于叶片的蒸腾作用，玻管内水柱不断上升，水银也随着上升。记录水银上升的高度和速度。

实验证明，叶片蒸腾时可产生很大的蒸腾拉力，一个小枝条即能使水银柱上升相当的高度。

知识延伸：

叶片蒸腾时，气孔下腔附近的叶肉细胞因蒸腾失水，水势下降。便从邻近细胞夺取水分。同理，这些细胞又可从其邻近细胞吸水。这样依次下去，便可从导管夺取水分，产生巨大的吸水力。又由于实验中水和水银间有吸附力存在，水银即被牵引沿着玻管上升，根据水银上升的高度可知蒸腾拉力的大小。

蒸腾拉力是植物被动吸水和转运水分的主要动力，如果没有蒸腾拉力的存在，恐怕世界上就不会这么多植物存在了！

水往高处流

操作难度：★★

实验方法：

这个题目是不是写错了？没有错。这里说的是大多数高等植物里面的水，被根上的根毛吸进来以后，慢慢运到上面的茎叶花果等部分，满足植物生存的需要。一部分水分又通过叶片散发到空气中去。可以这样说，根毛是植物水分的入口,叶片是植物水分的出口。对小草来说,水的出入口相距很近;对高大的乔木来说,水的出入口相差可达几十米。水为什么能不断地由下而上地流动,是什么力量迫使水在植物体内这样运行呢?

下面我们先做几个简易的实验,重复一些重要的科学结论,再弄清其中的道理。

选择好一枝杨树枝条(或用芹菜),应该是无伤、无病,生长正常的健壮枝条,像铅笔那么粗正好。用枝剪(或剪刀)把它从杨树上剪下来,立即插入盛有水的盆里或桶里。一定让切口浸泡在水里,这样可以防止空气从切口处进入植物导管而形成气栓。这是实验成败的关键。

然后,把枝条下部的老叶子摘掉一些,尖端只留3~7片叶子就行(大叶片留三四片,小叶片留六七片)。在水中把枝条的切口端再剪去一段(约5~10厘米),这样就可以保证切口处不会有空气进入导管了。

然后,你向盛有大半杯清水的茶杯里加入一点红墨水(清水量的1/20左右即可),茶杯里的水很快变红了。这时候,把准备好的枝条,从水里取出来,立即插入茶杯的红水里。最后,把茶杯放在向阳的窗台上。两三个小时以后,你就会发现:杨树枝的叶片,从叶脉开始到整个叶片逐渐都变红了。

同时你也能看到茶杯里的红水也减少了一些。很明显这红水是通过枝条上升到叶片,再经叶片蒸发出去了。水分减少了,留在叶片里的红色颗粒也就越来越多,叶片的颜色就越来越深了。如果放在阴凉不通风的地方,水蒸发得慢,叶片要经过很长时间才能变红。

水沿着枝条上升到叶片,跟叶片的蒸腾作用有关。水分上升,是由于叶片的蒸腾作用,有个向上拉的力量。蒸腾作用强,拉力就大,水在茎内运行就快。上面的实验就说明了这个问题。

那么,水分是从枝条的哪一部分上升的呢?你只要把枝条横切开,再竖切,看看哪个部位变红了,那就是水上升的路线。你也许猜想,准是整个枝条里面都是红色的。可是,切开以后,你会看到只有木质部的导管才是红色的,其余部分一点红色也不染,仍是杨树枝条本来的颜色,可见水是沿导管上升的。

再做一个实验：

找三根长短、粗细都一样的小玻璃管，分别装满土。A管装细土，B管装中等土粒的土，C管装大粒的土。

再找三个瓶盖或培养皿，分别倒入一定量的酒精。把玻璃管插在酒精里，然后，用火柴点燃玻璃管的上口。你马上会看到：A管的火焰最旺，C管的火焰最弱。

这是因为A管里土粒细，土粒和土粒之间的缝隙小而多，这些很小的缝隙上下连接起来，就形成了许许多多弯弯曲曲的毛细管了。酒精就会通过毛细管，上升到玻璃管的上端。土粒越大，它们之间的毛细管就越少，液体上升得就越少越慢，所以火焰就弱了。

而植物体内的导管是由长形的管状细胞上下连接起来组成，形成了许多毛细管，从而形成引水上升的现象。

由于根毛细胞内的溶液浓度大于土壤溶液的浓度，水通过细胞膜进入细胞，又进入导管。那么，水从导管源源不断地上升到叶片又是靠的什么力量呢？除上面讲的叶片具有蒸腾作用和毛细现象以外，还有一个最主要的动力就是根压。什么是根压呢？

你再做个观察实验就明白了。把一株向日葵的小苗（其他植物幼苗也可以），剪去紧贴地面的幼茎。过一会儿，就看到茎端冒出液滴（也叫做伤流）。可见根部有压力，水才能由下向上走。如果有条件的话，你借个压力计，用小橡皮管把茎端和一个压力计连接起来，就会看到在压力计上有一定的压力指示，这就是根压。

知识延伸：

一般植物的根压是一两个大气压，树木和葡萄的根压可达到几个大气压。

水进入根毛细胞以后，沿导管在植物体内向上运行的过程，也是经过200多年的探索才弄清楚的。

200多年前,英国的谷鲁用显微镜系统地观察了植物的组织。他发现植物的茎可以分成髓部和木质部,而水分的上升是在木质部,由于许多毛细管的作用而完成的。直到200年后,魏士脱美耶才用实验证明了谷鲁的这个结论。

1727年生理学家海尔士发现植物的叶子有蒸发水分的作用,并且研究了叶蒸发水的量同根吸水的量的关系。他认为水的上升跟叶的蒸腾有关。

1735年,植物生理学家德拉贝士用有色的液体来培育花,或把植物枝条放在有色的液体中进行实验,证明了叶片具有蒸腾作用。

叶绿体色素

操作难度: ★★★

实验方法:

下面介绍叶绿体色素的提取和分离方法,并了解一下叶绿体色素的种类。

叶绿体中一般含有绿色素(叶绿素a和b)和黄色素(胡萝卜素和叶黄素)。这两类色素均不溶于水,而溶于有机溶剂中。因此,常用酒精或丙酮来提取。

色素分离方法很多,纸层析是最简便的一种。当溶剂不断地从滤纸上流过时,由于混合物中各成分在固定相和流动相间具有不同的分配系数,因此,它们的移动速度不同,便可将混合提取液中的各种色素分离开。

实验所需要的材料和用具:菠菜叶片(或其他新鲜绿叶)、一台天平、研钵、量筒、漏斗、试管、试管架、色层分析滤纸、细玻棒、大培养皿两个(底和盖直径相等)、95%酒精、碳酸钙、汽油(纯净无色的)、小酒杯(或平底短玻管)1个、剪刀、滴管。

实验步骤如下:

1. 选取鲜绿的菠菜叶片,擦净、剪碎后称取3克鲜叶,放入研钵中,加少许碳酸钙（可中和细胞中的有机酸，避免形成去镁叶绿素）和5毫升酒精，研磨成糨糊状。再加酒精5毫升，研匀后用漏斗过滤，滤液即为叶绿体色素提取液，内含有叶绿素a、叶绿素b及叶黄素和胡萝卜素。

2. 取色层分析滤纸，剪成圆形，其直径应略大于培养皿的直径（如无层析滤纸，也可用圆形定性或定量滤纸）。在滤纸圆心戳一圆形小孔。另取同样的滤纸，剪成长5厘米、宽1.5厘米的窄条，用细玻棒沿长度方向卷成1.5厘米长的纸捻，抽出玻棒后再进一步搓成均匀、紧密的纸捻。

3. 用细口滴管吸取叶绿体色素提取液，滴在纸捻的一端，风干（或用电吹风吹干），再滴，再风干，如此重复3~5次。

4. 将滴有色素的纸捻端插入圆形滤纸中心小孔中，使纸捻与圆形滤纸紧密接触，且与纸面平齐，切勿高出纸面。

5. 取两个直径相等的干燥培养皿，在一个培养皿内放一小酒杯（或平底短玻管），杯内加入适量的汽油（或石油醚）作为扩散剂。把插有纸捻的圆形滤纸平放在培养皿上，使纸捻下端浸入汽油中，迅速盖上另一培养皿，两培养皿周边对齐。

6. 小杯内的汽油沿纸捻扩散到圆形滤纸上，并推动叶绿体色素也向滤纸四周扩散。待汽油扩散到培养皿边缘时，取出滤纸，即可看到四种色素分离成四个同心圆环。用铅笔标出各种色素的位置和名称。

知识延伸：

由于各种色素在扩散剂中的溶解度不同，以及滤纸对各色素的吸附能力不同，而达到分离的目的。扩散最快的是胡萝卜素，为橙黄色；其次是叶黄素，为鲜黄色；再次是叶绿素a，为蓝绿色；扩散最慢的是叶绿素b，为黄绿色。

向南瓜借根

操作难度：★★★

实验方法：

冬瓜是人们喜欢吃的蔬菜之一。可是，在冬瓜生长过程中，常常会得一种枯萎病，造成大片死苗，影响冬瓜产量。后来发现，病菌是从瓜苗的根部侵入幼根，引起地面茎杆枯萎的。在实践中，人们又发现南瓜根有很强的抗枯萎病能力。你们也许很自然地就会想到，能不能把冬瓜换上南瓜根呢？

能！只要把南瓜苗的地上部分切去，接上冬瓜苗不就行了吗？下面向你介绍一种嫁接的方法，叫做靠接。

春天时把几粒冬瓜种子播种下去，并且盖上塑料薄膜，温湿度适宜，种子萌发很快。等冬瓜苗出土以后，再播种南瓜种子。几天以后，冬瓜和南瓜的两片叶子完全伸展平直的时候就可以靠接了。

靠接最好选择在阴雨天或者下午两三点钟，气温在15℃左右。你先认真地挑选好粗壮、无病害、高度基本一致的两种幼苗（一棵冬瓜苗，一棵南瓜苗），用铲子把它们连根挖起，放在簸箕里，轻轻地再把土除去，准备靠接。

靠接前，先把手洗干净，刀片也先用酒精擦一擦。用刀片把南瓜顶芽连同一片子叶轻轻地削去。再在植株上部，削子叶那边的茎的上部，从上向下呈30度角斜切一刀，深度可达茎粗的一半。并且把切口外侧的表皮刮一刮，露出形成层。接着，在冬瓜苗的茎上，和南瓜相对应的高度，沿相反的方向（即由下向上），按照同样的方法斜切一刀（靠接后，使三片子叶成"品"字形），达到和南瓜一样的深度，切口外侧的表皮也得刮一刮，也露出形成层。然后，迅速地把南瓜和冬瓜的切口互相插入，黏合在一起。注意两个切口的形成层必须完全对齐，这是成活的关键。可以用手指轻轻地摸一下，看看表面是不是平整，由此作出是否对齐的判断。最后用塑料纸绳把切口缠绕几圈扎紧，靠接就做完了。

这时候，你把接好的苗移植到有湿土的花盆里，再用广口玻璃瓶扣上，把花盆移到向阳的地方，温度尽量控制在25～30℃，保持盆土的潮湿。如果中午太阳光很强的话，可以遮一遮阴；夜间温度太低，也可以设法保温。

大约经过2个星期以后，茎的伤口愈合了。不久长出了第一片真叶来，这时候可以把冬瓜苗在接口下面用刀片切一刀，约1/2的深度，过3天后，再把剩下的一半切断。这样就成了一棵南瓜根冬瓜蔓的新型植株了。

这时候一定要注意遮阴，防止幼苗萎蔫。等植物再长大一些，就可以去掉接口的塑料纸绳。这样长的冬瓜就可以抗枯萎病。

知识延伸：

两千年前的西汉时期就有了瓜类的靠接。据古书上记载，当时用十株瓠靠接在一起，离地约5寸，把十株苗用布缠紧，用泥涂上，接活后剪去九株的上部，只留一条蔓，让十株的根所吸收的养分，供给一株上部的生长，果实大而多。

500年以后，在《齐民要术》一书中，也记载了靠接的技术。开始由同一种作物发展到不同作物的嫁接，由单纯的结大果实，发展到以改良产品的质量为目的的嫁接。

到了今天，嫁接技术就更完善了，不仅同种、同属的植物可以嫁接，就是同科的植物也可以嫁接。冬瓜和南瓜都是葫芦科的植物，所以可以用靠接的方法进行嫁接。

你掌握了靠接技术，就可以根据这个思路去做更多的科学实验了。印度的格勒农业大学的茄子和辣椒上靠接番茄的实验已获成功，这样培育出来的新型番茄品种，既可以抗番茄易感染的细菌性萎蔫病，又可以成倍地提高番茄的产量。

动物小实验

蜜蜂的"鼻子"

操作难度：★★★

实验方法：

很久以前，德国动物学家佛烈希做过一个有名的试验。他用意大利橘子皮提炼成的芳香油来训练蜜蜂，让它们熟悉这种芳香油气味。一天后，他在一个长条试验桌上放了两排盒子，共 24 个。每个盒子上面有个活动的盖，盒的前面开一个小洞，蜜蜂能自由进出。在这 24 个盒子当中，只有一个盒子里放着一个小盘子，上面盛有用意大利橘子皮制成的芳香油，其余 23 个盒子里分别滴上其他 23 种芳香油。

佛烈希观察记录了 5 分钟，有 205 只蜜蜂爬进装有意大利橘子皮芳香油的盒子里，而其他盒子只有几只蜜蜂进去，有的甚至一只蜜蜂也没有进去。

佛烈希注意到，凡是能吸引蜜蜂的芳香油，基本原料都是柑杏果实制成的。可见，蜜蜂的"鼻子"喜欢闻柑橘的香味。

那么蜜蜂的"鼻子"究竟在什么地方呢？

你通过下面这个简单的实验就能够弄清楚。

先做一个纸盒，上面做个可以活动的盖，前面也开个小圆孔。在盒内放一个小瓶盖，装上一些白糖水，盒里再放一个芳香诱人的柑橘，使蜜蜂爬进去，就能嗅到柑橘挥发出的芳香气味。让蜜蜂从这只盒子爬进爬出几次，受到了训练。

然后，把纸盒中的蜜蜂拿出来几只，分别剪去尾端的毒刺，以防止它们蜇人。在放大镜下面，把其中一只的触角的前7节剪掉。看看蜜蜂是不是能够找到放有柑橘的纸盒。你可以看到，无论纸盒孔朝向哪边，这些蜜蜂都能够找到洞口。触角被剪掉了7节的蜜蜂，仍有嗅觉功能，说明蜜蜂的"鼻子"不在这7节里面。

下面，你把剪掉7节触角的蜜蜂，再剪掉1节，或者另捉一个受过训练的蜜蜂，剪掉它触角的前8节，再进行观察。你会发现，当放有柑橘的纸盒移动位置以后，这只蜜蜂会东奔西跑地再也找不到那个纸盒的圆孔了。假如它偶尔也钻进了纸盒，那纯属巧合。

从上面三个步骤的实验来看，可以肯定蜜蜂的"鼻子"是在触角的前8节上面。

知识延伸：

科学家用显微镜观察了工蜂的触角，发现触角表面大约有6000个小孔；而雄蜂的触角有3万个小孔。这些小孔里面长有嗅细胞。蜜蜂对花朵的辨认，大多依靠嗅觉。

科学家还发现，蜜蜂的触角，对蔗糖汁还有味觉的反应。可见它的触角既能当鼻子用，又有舌头的功能。

昆虫的种类繁多，"鼻子"的形状、位置也多种多样。比如，苍蝇的"鼻子"长在脚底下。在显微镜下面，你就可以观察到苍蝇脚的末端有一对"钢钩"，它下面有一对半透明的扇形器官，表面还生有密毛，那就是苍蝇的"鼻子"。另外，苍蝇的头顶上还有"鼻子"的构造。

用电子扫描显微设备拍摄蚜虫的触角，它的基节上面有许多外形很像一朵一朵波斯菊花似的感受器，这种感受器能感受声音、气味和气流，可以起到鼻子和耳朵的作用。

拖着气泡呼吸

操作难度： ★★★

实验方法：

水里的哺乳动物用肺呼吸，鱼用鳃呼吸，而水里的昆虫龙虱，它呼吸既不用肺，也不用鳃。请你做个小实验，就可以明白龙虱独特的呼吸方式了。

捉一只龙虱放在有水的大口玻璃瓶里。你细心观察的话，会发现它的"鼻子"不在头部，而是在尾端，它常把腹部末端伸出水面进行呼吸。

大约呼吸一分钟，它再潜入水中游泳。这时候，你会看到它腹部末端拖着一个闪光的气泡。

这个气泡是从哪儿来的呢？

这就需要了解一下它的身体构造。龙虱也有两对翅膀。前翅质地坚硬，静止的时候覆盖在后翅上面，好像鞘一样，所以叫鞘翅。鞘翅下面是膜质的后翅，有飞行的能力。

鞘翅的边缘还有个特点：向下向里折了一个小窄边，就像水果罐头瓶盖的小边那样。这就把龙虱腹部的背面盖得严严实实的，鞘翅和腹部背面之间形成了一个扁平的小腔，叫做气腔。

气腔通向哪里呢？龙虱腹部两侧有8对呼吸孔，每个孔都跟气腔相通，尾端的呼吸孔是进气口。当它吸足气以后，就潜入水里。龙虱边吸氧气，边排出二氧化碳。气腔里的二氧化碳越来越多，慢慢由前向后移动，最后冲出气腔，在尾端就形成了一个气泡。

龙虱是在水里过冬的。冬天水面结冰的时候，它怎么办呢？你可以做个模拟冬天的冰层来实验一下。

在玻璃缸的水面下一指多深的部位，罩上一层窗纱或冷布（模拟冰层），龙虱只能在窗纱下面游泳。

你会看到，龙虱东游西窜，到处寻找浮到水面的通道。但是它始终也浮不出水面来。这时候它只好攀在窗纱上面，翘起腹部的末端，一会儿从腹部和鞘翅之间出现一个气泡，并且越来越大，就像吹气球一样。到一定大小以后，就固定不动了。这个气泡始终在腹部末端拖着，就像潜水员背着的氧气瓶一样。龙虱就靠这个"小气球"在水里呼吸。

这个气泡里面的气体，就是龙虱呼出来的，含有大量的二氧化碳。而气泡是由一层很薄的膜构成的，这层膜只能让气体分子通过，水分子却不能透过。换句话说，气泡内外的气体是可以自由进出的，这样二氧化碳就通过膜排到水里，而水里含的氧气就能通过膜进入气泡，再通过呼吸孔进入龙虱体内。所以龙虱只要背着这个气泡，即使在冰下也能对付。

知识延伸：

龙虱是一种普通的大型甲虫，身长有35毫米左右。龙虱夜间大多潜伏在水草丛中，等小鱼游过来的时候，它突然捕食。所以，它是池塘养鱼的主要害虫，应该设法捕杀它。我国南方常把龙虱制成美味食品，供人们佐餐，这真是一举两得的好办法。

目前科学家们仿照龙虱的"气泡呼吸"原理，用硅橡胶薄膜，试制了一个2立方米的水下气室，这种橡胶薄膜也只能透气不能透水。它可以供应一个人在一段时间内的水下呼吸，以便在水中从事各种操作和研究工作。科学家曾经把一只老鼠放进这种气室，然后让气室潜入水下，老鼠能够正常生活。

蝗虫的呼吸系统

操作难度：★★★

实验方法：

捉来两只蝗虫，一只倒栽葱似的把它整个头部淹没在水里，而身体露在水面外；另一只蝗虫的整个身体浸没在水里，只把头部露出水面。

你想想看，是哪一只蝗虫先淹死呢？

答案会使你觉得奇怪，头露出水面的蝗虫先溺死了，而头淹没在水中的则安然无恙。这是怎么回事呢？

知识延伸：

你用放大镜仔细地观察一只大蝗虫的身体两侧，可以看到一排小圆孔，就好像我们从远处看见一条海船两侧的舷窗一样。

轮船的舷窗是给船舱旅客通风换气的窗口。蝗虫体侧的小圆孔，也是用来换气的"窗口"，叫做呼吸孔，也叫气门。蝗虫就用气门来呼吸。这些气门连接了许多小管子，小管子又有许多分支，遍布整个蝗虫体内。蝗虫体内的二氧化碳和空气中的氧，就通过气门进行交换。

蝗虫的胸腹部两侧，一共有10对气门。那么，这10对气门中，哪几对是呼气的，哪几对是吸气的呢？我们来做个简单的实验就知道了。

先配一些石灰水：把少量的石灰放在试管（或玻璃瓶）里，再加入10~15倍的水充分搅拌，水就变得混浊了。静置一段时间以后，石灰小颗粒慢慢沉下去，水又变清了。这时候，上面的清水就是配好的石灰水了。

你还可以用下面讲的方法来检验制得的石灰水是不是合格。把一些石灰水倒进试管中，用一根麦秆或塑料吸管，用嘴向里面吹气。如果石灰水由清变成混浊的白色，就证明石灰水是合格的。

把这种石灰水分别倒入两个试管（或小口玻璃瓶）里，开始做下面的实验：捉几只蝗虫，剪掉翅和腿。剪两块比试管口径大一些的橡皮膜，中间开个小洞。把蝗虫插进小洞中，使橡皮膜正好箍在蝗虫的从前往后数的第四对和第五对气门之间。

再把两只套好橡皮膜的蝗虫，分别放进两个预先准备好的盛有石灰水的试管中。一只蝗虫头朝上，另一只头朝下。橡皮膜蒙在试管口，用细线捆紧，防止漏气。

不久，你就会发现：蝗虫头朝上的那个试管里的石灰水，由澄清变成混浊的白色；而蝗虫头朝下的那个试管里的石灰水却没有变化，仍然是澄清的。

这说明，蝗虫胸腹部的10对气门中，前4对是用来吸气的，而后6对是用来呼气的。蝗虫呼出的二氧化碳和石灰水发生了化学反应，最后形成了碳酸钙的白色沉淀。

蚂蚁认路

操作难度：★★★

实验方法：

你知道蚂蚁是怎样认路回家的吗？科学家通过许多实验，发现蚂蚁有好几种活动路标。比较普遍的是气味路标。你看，蚂蚁走路的样子很像盲人。蚂蚁的触角跟盲人手里的竹竿一样，它每走一步，都要用两根"竹竿"不断地敲地，这也是在探路。

蚂蚁的触角比盲人的竹竿还灵。因为这对触角有两种功能：一种是触觉作用，通过触角接触外界，就能探明前面物体的轮廓、形态和硬度，以及前进道路的地形起伏等情况。这种作用跟盲人的竹竿完全相同。另一种是嗅觉作用，通过闻味进行识别。这是盲人的竹竿所没有的。原来，蚂蚁一边走路，一边从腹部末端的肛门和腿上的腺体里，不断分泌出少量的、带有特殊气味的化学物质，叫做标记物质，沾染在路上，留下痕迹。远离蚁巢的同窝蚂蚁，回巢的时候，就用它的特殊鼻子——触角，来闻着这条气味路标前进，这叫做"气味导航"。

下面请你做个小试验：用手指在蚂蚁回家途中用劲抹擦几遍，破坏它原来的化学气味路标，或者放上一个卫生球，让卫生球的气味压盖标记物质的气味。这时候，你会看到许多蚂蚁爬到这个地方以后，顿时停止前进，就地乱作一团。因为它们一时闻不到原来的气味，所以暂时迷失了方向。如果继续观察，你会发现，过不了多久，它们用触角互相碰，好像在交头接耳地互相转告："前面的路标已破坏，得赶紧想办法。"它们走走停停，在周围兜圈子。最后，它们会设法绕过异味线，重新建立回巢的新路线。

那么，蚂蚁是用什么办法重建新路标的呢？一般是采用另一种定位手段。

那就是靠太阳的位置来导航，又叫天文路标。这个秘密，在很早以前就被法国昆虫学家法布尔发现了。好，下面也请你来试一试：找一只拖着食物回巢的蚂蚁，用一个密不透光的纸盒把它扣上（火柴盒就可以）。这时候，请你顺着它原来前进的方向在地上画一个箭头作为记号。

3小时以后，你再掀开这个纸盒，就会看到蚂蚁不按原来的方向前进，反而急急忙忙奔向另外一个新方向。这时候，你在这条新路上再画一个箭头。最后你用量角器量一下，发现新路和老路形成的夹角，大约是45度，正好是蚂蚁被关闭期间，太阳横越天空时移动的角度。可见，蚂蚁是用太阳的位置来定向的。

要说明的是，它原来前进道路上的气味路标，也可能仍然存在，也可能消失了，因为不同种的蚂蚁，分泌的标记物质残留时间的长短不同。这时候，不管原来的气味路标是不是在，它都可能利用太阳定向。

知识延伸：

利用太阳来定向的昆虫很多，除蚂蚁外，还有蜜蜂、蝇类、金龟子等。

在其他动物中，比如鲎和水蚤也用太阳定向。这些利用太阳的位置来定向的动物，主要是对太阳的偏振光非常敏感。因为阴雨天气，乌云密布的时候，太阳的偏振光仍然可以穿过云层到达地面。所以这些对偏振光敏感的动物，在坏天气里仍然可以用太阳来定位。

以上是蚂蚁认路最常用的两种路标。科学家认为，蚂蚁在认路时，这两种路标是交替兼用的。但在一般情况下，蚂蚁首先是用气味标记物质来认路的。

美国科学家已经搞清了一种蚂蚁的标记物质，叫做菲罗蒙素。这种物质具有很难消失的特殊气味，蚂蚁就是靠分泌这种物质来觅食和返巢的。科学家已经用人工方法合成了这种物质，并且用来灭蚁。美国东南部常遭受"利黑太尔"蚂蚁的袭击和破坏。如果用大量的杀虫剂消灭它们，会伤害周围有益的生物。如果在杀虫剂中加入人造菲罗蒙素，那么，就会把蚂蚁成群地吸引来，集中消灭，这样，只要用少量的杀虫剂就能收到非凡的灭蚁效果，而且减少了对周围环境的污染。

据报道，美国哈佛大学生物学家霍特勒在研究非洲臭蚁的时候发现：蚂蚁还可以用图像作为路标。这种方法叫做"按图导航"。当时，霍特勒在非洲的森林中发现了这个现象，然后，他就把蚂蚁带回实验室。他在实验室的天花板上糊了一幅巨大的非洲森林阴影的透明图像，在图像的后面装有照明灯。实验室黑暗的时候，蚂蚁无法辨别回巢的方向；但是灯一亮，蚂蚁就顺利地返巢了。这说明非洲臭蚁确实是以森林阴影的图像作路标进行活动的。

蚂蚁突围

操作难度：★★★

实验方法：

捉一只蚂蚁，最好是大一点的，把它放到光滑的桌面上。然后用手指蘸点清水，在它周围画一个直径约8厘米的圆圈。由于光滑的桌面不怎么吸水，所以水圈就高于桌面，对蚂蚁形成了一道封闭的水墙。只见它行色仓皇，往返奔跑，不停地晃动着的触角一接触到水墙就急忙掉头，奔向另一个方向。

大约3分钟后，它开始意识到，这样奔波是徒劳的，自己已陷入了一个全封闭的水圈内。只见它突然昂首奋起，悲壮地跃上"河道"浮水而去。它很快发现这水面并不宽阔，自己终于冲出包围，获得了自由。

在这只刚刚获得自由，在桌面上匆匆奔走的蚂蚁周围，用清水再画一个同样大小的水圈。请注意观察，这一次它是在徒劳往返多少时间后，作出爬上水墙游出去的决定的？不到1分钟。而当你使它第三次身陷水圈时，它仅用20秒钟左右就作出了判断：爬墙突围。有趣的是，当它第四次碰上水墙时，竟毫不犹豫地直冲水面而去。显然，这只蚂蚁的行为一次比一次带有经验性。

这是蚂蚁的条件反射的表现。第一次冒险的成功，给它以一新的刺激。第二、第三次冲出包围圈，加深了这一刺激，以致使它认为"遇到水墙只管冲过去就是了"。

通过这个小实验，你一定会对蚂蚁能在这么短的时间内形成如此明显的条件反射，留下深刻的印象。如果你有兴趣，第五次不妨用一片"汪洋大海"来包围这只蚂蚁，等它在水面上游得精疲力尽时，用一小竹条帮它脱离水面，然后放回这"大海"中的孤岛上去，看看它恢复元气后又会采取什么行动。

知识延伸：

观察和研究动物的行为是一件很有趣也很有意义的事。这里再介绍一个表明蚯蚓有辨别电流方向本领的小实验。

准备一节正、负极各焊接着一根细导线的干电池。取一张练习簿大小的白纸，放到盛有清水的脸盆里，浸湿后即取出，平铺在桌面上。把一条事先挖到的蚯蚓放到白纸上，认清哪一端是蚯蚓的头部，哪一端是尾部。蚯蚓移动时，一定是头部先往前伸，拉长身体，然后收缩尾部。

把与干电池正、负极相连的导线，分别沿纸面慢慢移近蚯蚓的头部和尾部（移动时应保持导线与纸面接触良好）。此时你可看到蚯蚓收缩身躯，蜷曲成一团。让导线与纸面脱离接触，蚯蚓便伸展身子又开始了移动。现在，请你把与正极相连的导线移近蚯蚓的尾部，与负极相连的导线移近蚯蚓的头部，蚯蚓的反应便与刚才不大相同，它会把身体尽可能地伸长，直到沿正、负极连线方向成一条直线，且保持不动。你不妨反复变换与蚯蚓头部、尾部接近的导线的极性，便可发现它总是按上述规律作出反应，让人相信它有识辨电流方向的本领。

如果你想证实一下昆虫触角的嗅觉作用，还可做一个简单、有趣的对比实验。

捉4只蟑螂，把其中两只的触角剪去，关在一只火柴盒内。把另两只没剪去触角的关在另一只火柴盒内。2~3天后，准备两只空脸盆，在每只脸盆里相隔不远处，放上一点食糖和一点木屑。先把没剪掉触角的两只蟑螂放入一只脸盆中，你会发现它们摆动着头上的那对丝状触角，去碰碰食糖，又碰碰木屑，然后爬到糖堆上啃食起来。再把另两只触角已被剪掉的蟑螂放入另一只脸盆中。你会发现它们爬来爬去，碰到什么就啃食什么，甚至明明是在吃糖的那一只，过了一会儿又到木屑堆上吃了起来。显然，没有了触角，它们已无法分辨出什么是能吃，什么是不能吃的食物了。

萤火虫的秘密

操作难度：★★★

实验方法：

尽管人们很早就对萤火虫有好感，而且用它来为人们做事情。但是，对于它为什么会发光，那还是近代科学家才弄明白的。经过研究发现，萤火虫的腹部有发光器，这个发光器由发光层、反射层和透明层三部分组成。发光层里有几千个发光细胞，细胞里有萤光素和萤光素酶，萤光素酶能够使萤光素和氧化合而发光。发光层就好比是电灯泡里的灯丝，而透明层就好比玻璃灯泡，反射层就好比灯罩。那么，萤光素发光时所需要的氧气是哪里来的呢？

那是由发光器周围的气管供给的。氧气充足的时候，光就明亮；氧气不足时，光就暗淡，甚至不发光。这样就发出忽明忽暗的闪光来。

这种忽明忽暗的闪光对萤火虫生活究竟有什么意义呢？是用来照明吗？

不是。如果用来照明，"灯"就应该放在前面。汽车后面有个尾灯，是发信号用的。那么，萤火虫的光是从腹部发出来的，这个"灯"是"信号灯"吗？

它表示什么信号呢？请做做下面两个小实验，你就明白啦。

第一个实验：你用一张像图画纸那么厚的黑纸，做成一个圆锥形的纸筒。把纸筒的尖端剪去一点，成为一个极小的孔。把黑纸筒套在手电筒头上，用线捆紧。光线只能从纸筒尖端的小孔射出。

捉一只萤火虫，用棉线捆在稻秆上。在萤火虫发光的时候，打开手电筒，让细光柱照萤火虫的头部，结果，它的"小灯"就熄灭了；手电筒一关，"小灯"又亮了。如果用手电筒的光照它的身体，就没有这种反应。看来，萤火虫的头部是感知光线的重要部位。

第二个实验：捉一些没有翅的萤火虫，放在小笼子里，把小笼子挂在草地上方的树枝上。当萤火虫发出荧光的时候，就会招来一些带翅的萤火虫，它们也一闪一闪的开亮自己的"小灯"。

我们知道，大多数种类的萤火虫，雌虫没有翅，只有雄虫有翅。可见，亮"灯"是雌雄虫互相联络的信号。

知识延伸：

科学家研究证明：萤火虫的闪光，实际上是用来招引异性的一种"灯语"，有点像水兵在舰艇上使用的"旗语"。

美国科学家研究了130种萤火虫，根据它们发光的规律，共分成了4个类型。在每一种类型里，雌雄虫的发光又有自己的特点，当雄虫发出闪光的时候，雌虫就会发出一定的信号来回答，对方"明白"了，雌雄虫才靠近完成婚配。

萤火虫发出的光是一种冷光，它不会产生热。科学家根据萤火虫的发光原理，已经成功地制出了能发冷光的荧光粉，涂在日光灯管的内壁上。日光灯的灯丝通电以后，温度较低，只有40多℃，消耗的电能也很少，而发光效率却是白炽灯的四五倍。所以，日光灯受到人们的欢迎。

蛾子相会

操作难度：★★★

实验方法：

绝大部分蛾子是夜间活动的。雌雄蛾子在夜空飞来飞去，准确无误地寻找配偶的现象，令人惊异。那么，它们是怎样找到对方的呢？

原来，不少动物都有一种神秘的联络信号——能够传递各种"语言"的气味。科学家认为这是世界上最古老的无声"语言"。现代科学家把这种传递信息的物质叫作信息素。信息素有许多种，跟繁殖有关的信息素叫作性外激素。

雌蛾在夜间飞舞的时候就会放出这种性外激素，雄蛾在几里甚至几十里以外都可以嗅到这种激素的气味，纷纷赶来相会。

早在几十年以前，法国著名的昆虫学家法布尔，首先发现了雌雄蛾子相会的秘密。当时，法布尔养了许多种昆虫，就在他的一只养虫笼里羽化出一只雌孔雀蛾，它是一种大型美丽的蛾子。这天晚上，他刚刚入睡，屋里却热闹起来，一下子飞进来许多雄孔雀蛾，它们有蝙蝠那么大，在屋里到处乱闯。

一个晚上居然飞来40多只，闹得法布尔全家无法睡觉。他看了半天才弄清楚，原来这些雄蛾是跟笼子里的雌蛾来相会的。一连几天，每个晚上都有一些雄蛾来跟雌蛾相会。

法布尔天天观察着，并且做了一些试验，进一步探索雄蛾找到雌蛾的秘密。最后，他发现雄蛾不是用眼睛看到雌蛾的，而是闻到了雌蛾发出的一种气味，雄蛾就追寻这种气味准确地找到了雌蛾。

雌蛾的气味是从哪里发出来的？在法布尔发现雌雄蛾相会的秘密以后的几十年中，人们一直在研究这个问题，直到几年前才弄清楚：在雌蛾腹部的末端有个腺体，能释放出一种叫做性外激素的化学物质，是它的气味把雄蛾从几里地以外招引过来的。

如果你有兴趣，想重复一下科学家的实验，就请你照下面的方法去做，造个假雌蛾，把真雄蛾招引来吧！

第一步，采蛹。采来一种蛾子的雌蛹（雄蛹腹面末两节的节线呈水平状，雌蛹腹面末两节的节间线呈倒"V"形）25个，放在一个广口瓶内进行饲养（把瓶放在温度和湿度合适的地方）。

第二步，配制性外激素的酒精提取液。在蛹羽化成蛾子的第二天夜间两点钟（这时雌蛾分泌的性外激素最多），把雌蛾的腹部末端三节剪下来，放在盛有5毫升95度的酒精里，密封好，至少要浸泡2天。使用以前，要用玻璃棒或干净的木棍把浸在酒精中的雌蛾腹部捣碎。

第三步，做个假雌蛾。取一小张吸水性强的纸片，剪成雌蛾形状。

第四步，夜晚把浸有雌蛾腹部的酒精，滴在假雌蛾纸片上，挂在窗前，不久就会有雄蛾飞来。

因为假雌蛾的"身上"沾有真雌蛾的性外激素，雄蛾是追寻雌蛾性外激素的气味找来的。

知识延伸：

现在，农业生产上用这种方法来防治害虫。农民用泡沫塑料小块，浸上某种农业害虫（如黏虫）的雌性外激素，然后每隔一定距离摆放一块，这样就可以在一定范围内使雄黏虫蛾飞向塑料小块，而跟真黏虫雌蛾错过相遇的机会（一般雄蛾比雌蛾羽化早）。这样可减少黏虫的产卵量，达到消灭害虫的目的。在缺乏电力供应的偏远山村，用这种方法代替黑光灯诱集捕杀蛾类害虫，更有实用价值。

稻瘿蚊是我国南方水稻的主要害虫之一。用其他方法防治比较困难。1975年，广东昆虫研究所做了性激素诱集雄瘿蚊的试验，效果比较好。他们在一个直径35厘米的水盆诱捕器里，放两只未交尾的雌瘿蚊。一个晚上可诱集851只雄瘿蚊，最多时可诱集1300只。诱集范围方圆60米。

据研究，一只雌蚕蛾虽然只分泌0.005~1.0微克的性外激素，但是它能诱集100万只雄蚕蛾。

目前人们已查明了100多种昆虫信息素的化学结构，以及信息素所引起的昆虫不同的行为特征。

鸡也能辨认红绿灯

操作难度：★★★

实验方法：

马戏团的动物在舞台上表演的时候，个个都很听话，一切动作都能按教练的指挥来完成，十分逗人喜爱。

这种动物的杂技表演，还是我国的传统节目哩！据古书记载，在宋朝的时候，杭州的动物杂技表演就很受欢迎。当时，杭州的训练人员把龟、鳖、泥鳅、鱼之类的水生动物养在一个大水池里。表演的时候，教练在池边叫某种动物的名字。叫到哪个，哪个就浮到水面上来。这时候教练又加上敲铜锣的节拍来作为信号，每个动物戴上一个假面具按照节拍而舞起来，舞毕沉回水底。教练对每一种动物的表演都是经过千百次成功和失败的训练，最后才取得成功的。

国外也有这样的记载。1904年夏季的一天，在一个德国农民的院子里，有一匹名叫汉斯的枣红马正在表演算算术。人们喊道："15减9是多少？"

马抬起了它的一只前蹄开始跺地，一、二、三、四、五、六，就停住了。接着人们又出了简单的加法、乘法、除法，汉斯都会做。

现在，我们也可以训练一些动物来表演某个动作。下面向你介绍一个公鸡"辨认红绿灯"的训练过程。

选择一只当年的、体重250克左右、活泼、健康的小公鸡。然后，做一个养鸡和实验用的木箱子。

训练分为三步来进行。

第一步，把鸡放进木箱以后，头两天，让鸡先熟悉环境。每天喂三次，每次都先在茶缸里放上三粒高粱（或稻谷、玉米、大米等鸡爱吃的食物）。

鸡吃完这三粒粮食以后，马上把食盘外侧的已经放好食物的食槽旋转到箱内去，让鸡好好吃一顿。这样经过一两天，鸡就熟悉了茶缸、食盘、水碗等的位置了。

第二步，从第三天开始，每次喂食以前，先开亮绿灯，大约10秒钟，在茶缸里再放三粒粮食，鸡吃完以后，马上再把装有食物的食槽旋转到箱内。

注意，每次的食量要控制好，不要让鸡吃得太饱，喂八分饱即可，控制食量是实验成败的关键之一。另外，放入茶缸的食物每次要固定三粒，不要有时多有时少。每次喂食，还要有固定的顺序，先开绿灯，放三粒粮食，最后再转食盘。经过一个多月的训练，你就可以发现，鸡对绿灯已经建立起来一种给食的信号联系。只要你一开绿灯，鸡就会马上到茶缸里啄三下，然后再转身到食盘边等食。鸡似乎已经意识到，绿灯一亮，吃完了三粒粮食后，就会有更多的好吃的食物。这时候，你还要继续喂养四五天，让鸡牢固地"记住"绿灯的含义。

第三步，在每次喂食前，先开红灯，鸡也可能先去啄三下茶缸，但是，食盘里是空的。然后关掉红灯，10分钟后再开绿灯，鸡吃茶缸里的三粒粮食，再转动食盘，喂鸡。

这样训练许多次以后，鸡似乎"记住"了：红灯亮没有东西吃，绿灯亮了才有吃的。鸡就对红灯产生了抑制反应。只要你开绿灯，鸡就啄茶缸三下；开红灯，鸡就不动。

这时候，你就可以把鸡连同木箱一起拿到公共场所去表演了。

知识延伸：

鸡和其他动物一样，看见东西就会吃；而且食物到了胃里以后，立即引起胃液的分泌。这些都叫做非条件反射，是动物生来就有的本能活动。这种本能活动是由于神经系统对食物产生的有规律的一种反应。

在训练过程中，加上了红灯和绿灯，成为鸡吃食的附加条件，也就是鸡吃食的条件刺激。这样，本来红绿灯和鸡吃食是毫无关系的两件事，如果使灯的条件刺激和食物的自然刺激多次地同时出现，最后，就会形成由于这个条件刺激而产生的条件反射。使鸡一看见绿灯，就去吃三粒粮食，再去吃其他食物。这个理论就是俄国伟大的生理学家巴甫洛夫创立的条件反射学说。

正因为他开辟了高级神经活动生理学的研究，在1904年获得了诺贝尔生理和医学奖。

动物经过训练以后，不仅可以充当各种"杂技演员"，还能够为人们做许多事情。比如，警犬帮助公安人员侦察敌情，破获复杂的案件。

据记载，某国有关部门利用鸽子敏锐的鉴别力，训练鸽子成为"检验员"。

在生产小铁球的工厂里，鸽子密切地监视着铁球的生产过程。当它发现有不合格的铁球时，就会用嘴啄一下小铁片。这时候，跟小铁片连接的信号灯立即亮了，工人就会马上处理废品。与此同时，鸽子很快会得到少量的食物奖赏。据统计，一只鸽子每小时能检验三四千个铁球哩！

鱼能辨别颜色

操作难度：★★★

实验方法：

鱼能不能辨别颜色呢？这是许多人不大清楚的问题。请你做个小实验来求得答案吧！

你设法养几条小鱼。每次喂鱼的时候，都用一个蓝色的碟子装上饵料放进鱼缸。久而久之，鱼一看到蓝碟子，即使上面不放饵料，它也会很自然地游过去；如果你把红碟子放下去，同时用棍子或其他东西来戏弄它，经过一段时间以后，鱼一看到红碟子，就乱逃乱窜。

如果你养了几种小鱼（鲤、鲫、鳟、泥鳅或者热带鱼），还可以做这样的实验：在每个鱼缸里，用吸管轻轻地滴进几个鱼虫。你会看到，不同种的小鱼，捕食鱼虫的距离不同；如果放进去几粒木屑，小鱼捕食的距离也不同；还可以在室内明暗不同的地方对小鱼的视力进行测试，也会发现它们的视力是有区别的。

知识延伸：

通过以上简单的实验，证明鱼是能够辨别颜色的。科学家利用各种各样的鱼进行实验，发现有些鱼能辨别出红橙黄绿蓝靛紫七种颜色，尤其对红蓝两色，大多数鱼类能够敏锐地辨别。潜水服大多采用红蓝两色，也是根据鱼眼能辨色的道理。比如，鲨鱼害怕红色，潜水员穿上红色的潜水服就能保障自身的安全。

科学家用不同颜色的光，对鱼类进行试验，发现鱼类不仅可以辨别各色光，而且对各色光还有不同的反应，特别是鳗鱼、鲭鱼等对色光更为敏感。

比如，在短波光线（如紫光、蓝光、绿光）作用下，鱼的行动就很活泼，活动范围也比较大；而在长波光线（如红光、黄光）作用下，鱼的行动就变得迟钝了,活动范围也变小了,这时鱼群就都集中在灯光附近。

人们掌握了鱼类对光线的反应特性以后,对渔业的发展很有帮助。渔民把长波的红灯放在水下,鱼群很快聚集前来,然后,人们用拖网或围网进行捕捞。从20世纪50年代起,人类已经利用灯光捕鱼,大大提高了产量。沙丁鱼类和蓝圆鲹(鲭类)就是灯光捕捞的主要对象。

让鲫鱼变金鱼

操作难度:★★★

实验方法:

本实验的目的是让大家了解鲫鱼的特性,色彩斑斓的金鱼的祖先就是鲫鱼。鲫鱼的鳞片下面是皮肤,皮肤内有许多色素细胞,色素细胞由于外界条件的刺激,会使皮肤在不同的环境中,呈现出不同的颜色。

选择4条个头差不多、活跃、健康的活鲫鱼,把它们分别放入4个相同的玻璃容器中,将其中两个玻璃容器用不同颜色的透明玻璃罩住(包括四周和上面),一只玻璃容器用黑布(黑纸)罩住,最后那只玻璃容器上什么都不罩,每天将同样的食物喂给四个容器中的鱼,一直养足1个月,1个月后,取来一只白色脸盆,将4条鱼都放到盆中,结果发现:外面罩有彩色透明纸的容器中的鱼身上,带有不同颜色的花纹,罩上黑布的容器中的鱼身上变成了黑色,而那只在正常状态下的鲫鱼,身上的颜色没有改变。

知识延伸:

本实验也可以把鲫鱼换成青蛙,由于环境的不同,青蛙身上也会出现类似这样为适应环境而发生的变化。

鱼的呼吸

操作难度：★★★

实验方法：

在炎热的夏天，为什么有些鱼（尤其是金鱼）有时会把嘴露出水面来呢？这是因为水被污染，氧气少了。现在我们就用一些简单的设备来做几个小实验，看看鱼的呼吸和哪些条件有关系。

把一尾金鱼放在有水的试管里，再把试管放在水槽里。试管的大小要看金鱼的大小来定，不能太大，也不能太小。让鱼在里面有一定的活动余地，但它又调不过头来为正好。因为它一转头，就会扭转身体，这就不便观察鳃部的运动了。

鱼进入试管以后，就开始数每15秒钟内鳃运动的次数（一张一闭算一次）。这样连续数3次，再算出平均数。

让槽里的水温分别在10℃、15℃、20℃、25℃、30℃、35℃、40℃的时候，数出鱼鳃运动的次数。注意：每变换一种温度，都要等到试管里的水温达到指定温度以后，才能开始测定鱼的呼吸次数。调节水温的时候，可以把试管倒放在水槽里，通过调节槽里的水温来改变试管里的水温。最后把不同温度下观察的结果填入下表。

呼吸次数 温度	实验次数 1	2	3	平均次数
10℃				
15℃				
20℃				
25℃				
30℃				
35℃				
40℃				

从表中你会发现，金鱼的呼吸跟水温的关系是密切的：金鱼对水温很敏感，随着水温的上升，呼吸次数也增加；温度升高到 35~40℃时（即炎热的夏季），呼吸次数反而减少。这是因为高温缺氧时它消耗了大量体力，而形成呼吸窒息现象。下面我们再看看金鱼运动量和呼吸次数的关系。把金鱼放在玻璃缸或水桶中，先观察记录自然安定状态下 1 分钟内鱼的呼吸次数。再用玻璃棒朝一定的方向搅动，形成一个水流。搅 1 分钟后，再数一数 1 分钟内鱼的呼吸次数。然后，分别搅动 3 分钟、5 分钟、10 分钟以后，鱼在 1 分钟内的呼吸次数。最后分别记在下表里：

呼吸次数	1	2	3	平均次数
自然状态下				
搅动 1 分钟				
搅动 3 分钟				
搅动 5 分钟				
搅动 10 分钟				

你从表中可以看到：如果鱼的运动时间增加，呼吸次数也增加；可是，运动 10 分钟以后的金鱼，呼吸次数反而减少，而且浮到水面来呼吸。这是因为运动量增加以后，氧气的消耗量也增加了，造成供氧不足，产生疲劳。

还可以观察一下水中溶解物质的多少跟金鱼呼吸次数的关系。准备好四个鱼缸或者广口瓶 A、B、C、D。先在四个缸里分别倒进 500 毫升清水，然后，在 B 缸里加 5 克食盐，C 缸里加 15 克食盐，D 缸里加 50 克食盐。把它们都放在屋子里。

把一尾金鱼放进 A 缸，马上测定它的呼吸次数。每隔五分钟测一次，把每次一分钟内的呼吸次数记录下来，共测定五次，分别把结果填入下表，然后把鱼从 A 缸捞出来，放进 B 缸。也同样进行呼吸次数的测定，也把五次测定的结果分别填入下表。再依次放进 C、D 缸里。用同样方法测定并记录结果，填入下表。

浓度食盐水	A 清水	B 1%食盐水	C 3%食盐水	D 10%食盐水
5 分钟				
10 分钟				
15 分钟				
20 分钟				
25 分钟				

你从表中可以发现，在1%的食盐水中，鱼的呼吸比较正常，对鱼的呼吸影响不大。但3%的食盐水对鱼的呼吸影响就比较明显了。10%的食盐水影响就更大了。

在浓度高的盐水中（3%或10%），金鱼坚持不到20分钟，就开始停止呼吸（鳃盖不动、腹部朝上）。这时候赶紧把鱼捞出来，放到清水中，金鱼很快会恢复呼吸的。

知识延伸：

溶解在水里的物质越多，对水生生物的呼吸影响就越大。池塘养鱼的时候，饲养员看到出现浮头现象以后，就抓紧补充新鲜的水，保证鱼能正常地生活，也是这个道理。

变形的蠼螋

操作难度：★★★

实验方法：

有些昆虫的特性会让人感到吃惊。你见过臭虫吗？它是半翅目的昆虫，吸饱人血以后，就藏在墙缝、床板缝隙或桌椅的缝隙内，这时候它的身体只有被挤着才舒服，这种特性叫做向触性。具有向触性的昆虫并非臭虫一种。

蠼螋，是一种昼伏夜出的昆虫，在院子里的花盆下面常常可以找到。

它身体长形，头上有灵敏的丝状触角，背部有两对翅，前翅较小，略呈方形；后翅大而薄，呈扇形，平时折叠起来藏在前翅下方。尾端有一对角质的尾铗，因而它有个别名叫做"火铗子"。晚间它就出来顺着墙根爬行，找些小虫吃。对人来说，蠼螋的益害都不明显。但它的向触性特征非常突出。向触性是个非常有趣的行为，但是往往被人们忽视。下面请你认识一下蠼螋的向触性吧！

先准备好几种容器：大口玻璃瓶，方底的容器（最好是边长超过10厘米的玻璃器皿）各一个，每种容器都用黑纸做个罩，用来遮光，蠼螋两只，镊子一把。捉到蠼螋以后要分别单放，不然，食物缺少的时候，它们会互相残杀。

你把蠼螋放在瓶子里，它会在瓶中乱跑，过了一会儿，似乎它对环境熟悉了，就安稳下来了。每天，你用苍蝇或其他小型的昆虫去喂养，要注意带翅的昆虫一定要把翅剪掉。白天用黑罩的把容器罩上，黄昏以后取下来，渐渐地把罩暗的时间缩短，以便过渡到白天就可以观察蠼螋的活动。当然，白天不要把它放在阳光直晒的地方。饲养几天以后，你就可以发现，它总是用身体的一侧紧靠在瓶壁上面，在圆瓶中身体呈弧形，在方瓶中身体就呈直线形。无论你怎样试图叫它离开，最后它还是要跑到瓶壁那里紧靠着，似乎它感到这样才安全、舒适。

蠼螋夜晚出来的时候，也总是贴着墙根快速爬行或静候猎物的到来。每当发起攻击以后，就用尾端的铗子夹住猎获物，并且经过背面弯向前端，送到口中咀嚼。这是一种不用学习就会的本能行为。

知识延伸：

做昆虫实验，离不开养虫器。你可以用圆底的大口玻璃瓶（或玻璃缸）做养虫器。先用肥皂水把玻璃瓶涮洗干净，再用清水涮两遍，擦干。用黄土、黑土加些沙子掺合成三合土，加水拌湿，手捏成团后指缝间不滴水为适宜。把三合土放在瓶中，随放随压实，放土到瓶高的1/5左右就可以了。压实平整后的土具有一定的湿度，此后在饲养过程中，要注意使土保持湿润，以便在饲养中适应虫体的正常生理需要。

在养昆虫的时候，瓶口应该用纱布盖好，纱布以两层为好，折成方形，要大于瓶口，最后用细绳扎紧。

如果养虫的瓶子比较多，应该在瓶外贴上标签，以便做记录和防止出现差错。

还要注意养虫瓶里的清洁卫生，最好每天清洁一次。

把昆虫吃剩下的食物残渣和虫屎及时清除，防止它们在养虫器内发霉腐烂，影响实验昆虫的健康。

做个标准的养虫器是非常重要的。只有昆虫能够正常地生活，才能保证实验顺利地进行，才能取得正确的实验结果。

"生物圈"

操作难度：★★★

实验方法：

1994年9月26日，8名科学家走出了生活两年的"迷你地球"——生物圈2号，这是一次普列斯特列试验的扩大。"生物圈2号"被人称为世界上最大的试管，它座落在亚利桑那沙漠，由玻璃和钢铁制成，约5层楼高，里面有许多动植物。这些植物不仅为在里面工作的人员提供必要的食物，更重要的是把人类和动物呼出的二氧化碳重新变成氧气。科学家在"试管"里进行了大量的科学实验，得到了一大批宝贵的数据，虽然，氧气的循环不像预料的那样好，须两次从外面输入纯氧，不过就这次实验本身来说，已经是人类的一大奇迹了。

你一定对生物圈的实验有浓厚兴趣。不妨动手做一个"生物圈"的实验。

找一个有严实盖子的玻璃瓶，在底上放一些泥土，从院子里移几棵植物栽到瓶子里，可以是一些青草，让它们在里面生长。

种好植物后，在泥土上浇上一些水，取一根蜡烛，拴上一根铁丝，以便能放入瓶内或取出来。把蜡烛点燃，放入瓶内，然后把盖子盖严，不要让空气进去，蜡烛在里面燃烧了一会就会熄灭，这是由于里面的氧气用完了。

过 12~24 个小时后，小心地取出蜡烛，立即把盖子盖好，点燃蜡烛后再放到里面，蜡烛会立即熄灭。这是由于瓶子里面还被二氧化碳所占据，没有氧气，在你迅速打开瓶盖的时候，二氧化碳比空气重，所以不会一下子跑出来。

把盖好的瓶子放在阳光下，使植物生长，十天后，点上蜡烛再做第一次的实验，你会发现，这次蜡烛燃烧的时间和第一次试验的时间一样长。这说明了，植物的绿叶吸收二氧化碳放出了氧气。

知识延伸：

希望你能设计出更好的密闭生物圈，在里面种上植物、养上金鱼，就像一个小的"生物圈 2 号"。

综合小实验
ZONGHE XIAO SHIYAN

水上浮字

操作难度：★★

实验方法：

这是一项小的课外实验项目，在一个白色水盆里能浮起各种毛笔字。

本实验需要材料和工具：白色脸盆，清水，毛笔，墨汁，竹板，大葱。

制作方法如下：准备一块竹板，把竹皮表面打磨光洁，把大葱撕开，用葱白有葱汁的部分在竹板的光洁面来回擦几次，将葱汁涂在竹板表面，稍干后用毛笔蘸浓墨汁在涂有葱汁的竹板处写字，稍干一会儿以后，把竹板平按入水中，按竹板时慢些，不要带起水波纹，然后慢慢地把竹板从水中斜向抽出来，黑字便一一漂浮在水面上，不散不乱。

知识延伸：

这是因为葱汁有黏性，在竹板上形成一层薄膜，能托住墨迹浮在水面上。

空气占有空间

操作难度：★★

实验方法：

本实验需要的材料有：干净的杯子或广口瓶，气球，吸管。

把气球的一半放进广口瓶内，然后开始吹气球，气球开始变大，但不能完全充满整个广口瓶的内部。把气球里的空气放出来，重新做一次。这次，往瓶里插进一根长吸管，再吹气球时，气球就能充满整个瓶子了。

吸管会使瓶口不被封住。

知识延伸：

在第一次实验中，由于气球膨胀，使一部分空气被堵塞在气球与瓶底之间。这些被堵塞住的空气产生了压力，抵消了膨胀的气球对这部分空气的压力，使得气球不能完全充满瓶内。因而，气球在瓶外膨胀。当瓶中插入一根吸管后，被堵塞的空气顺着吸管跑出来，气球就充满了整个瓶内。

声音与振动

操作难度：★★

实验方法：

晚会上，歌声和乐器声是怎样产生的？我们不妨来做几个小实验。

把手放在咽喉处，然后发声，手有振动的感觉；用鼓槌敲铜锣，用手指接触锣面，手觉得很麻；用鼓槌敲鼓，马上往鼓皮上放一些爆米花，爆米花落在鼓皮上，一跳一跳的，蹦得老高。这些现象证明了声音是由物体振动产生的。

那么声音高低又是怎样产生的呢？我们再来做两个小实验：取一根长

钢尺，将一端按在桌子边缘上，拨动另一端，当钢尺很长时，振动频率很低，声音很低。缩短钢尺伸出桌面的长度，伸出部分越短，振动就越快，频率越高，钢尺振动的声音音调就越高。

将橡筋单根或数根绷在硬纸盒上，在纸盒和橡筋之间插进铅笔。由于橡筋绷得松紧不同，拨动时就会发出高低不同的音调。

知识延伸：

原来声音是由声源振动引起的，物体振动得越厉害，发出的声音就越强，音调就越高。

奇妙的声音传播

操作难度：★★

实验方法：

如果用录音机把你的说话声录下来，再放出来，你会觉得，这不是自己在说话。而别人则认为，这声音就是你的，这是为什么？

原来录音机的声音是从空气中传播过来的，而你所听到的自己的声音一部分是从空气中传来的，另一部分是由头骨传来的，所以听起来有所不同。

声音不仅可以通过空气传播，而且可以通过固体和液体传播，但是有一些不同。

用牙咬住闹钟的提环，然后用两手堵住耳朵，你可以非常清楚地听到钟表里的摆轮来回摆动的声音，这声音是通过头骨传到你的耳中的，它比通过空气传进耳朵里的嘀嗒声响得多。

还有一个实验，可以证明固体能够传声，在一段小绳的中间栓一个金属汤勺，用两个手指把绳子的两头按在耳朵眼上，然后让汤勺摇来晃去，不断和桌子相撞，这时你会听到一种低沉的轰鸣声，仿佛在你的耳边敲起了大钟。

我们的头骨是传播声音的好材料，声音在传播过程中损失很少，所以通过头骨传来的声音大得多。游泳的时候，你和朋友们，可以比较一下，声音在空气里传播和在水里传播的区别。一个人在距你 15 米左右的地方敲击两块石头，先在空气中，你在空气中听，然后在水里，你蹲在水里听，你会发现，在水里听，敲石块的声音更响。

知识延伸：

声音在固体和液体里的传播速度比在空气里快，在有铁路的地方，有的人趴在铁路上能听到火车轮的声音，知道远处的火车就要来到，而在空气里则听不到，这是由于声音在铁轨里传播的速度比空气里的快，而且不容易变弱。

但是，声音不容易通过软的、松散而没有弹性的材料，它们往往会把声音吸收掉，所以，为了不使声音传到隔壁房间里，人们常常在门上挂上厚厚的门帘，地毯、沙发对声音也有很强的吸收能力。

自制乐器

操作难度：★★

实验方法：

声音是由于振动产生的。物体振动的快慢就决定了声音的高低。利用这一原理，我们可以自己制作打击乐器和吹奏乐器。

打击乐：取来一样大的玻璃杯 8 只，向里面倒不同质量的水，然后按水的多少，从少到多排队，用一根筷子击打玻璃杯，音的高低可由盛水量的多少来调节，最后调出一个 8 度的音阶。并且可以演奏简单乐曲。

吹奏乐：取大小质地相同的瓶子 8 只，分别向里面倒入不同质量的水，按水的多少排队。根据吹瓶口，瓶子发出的音调的不同，调节瓶里水的多少，最后调出一个 8 度的音阶，我们用嘴吹瓶口而演奏乐曲。这 8 只装有不同水量的瓶，就会发出 8 种不同的音。

知识延伸：

各种乐器都是根据这个原理制成的。

自制电话

操作难度：★★

实验方法：

将两个易拉罐，剪去上下底，取一张薄的纸糊在易拉罐的一端，在纸的中央用针扎一个孔，将细线穿过小孔，在绳端系一个结，结要比小孔大，这样绳就不会从孔中脱落出去了。

使用时，两个人各拿绳两端的易拉罐，轻轻拉紧绳，一人听，一人对着易拉罐讲话，注意说话声音不要太大。

知识延伸：

声音在空气中是向四面八方传播的，这也是两个人之间讲话时不一定正对着对方，双方也能听到的原因。但是如果声音沿着固体物体，如金属或线绳传播时，却只沿着固体物体传播，这样不损失声音的能量，所以声音可以比在空气中传得远，而且声音也大。

巧用橡皮管

操作难度：★★

实验方法：

你是否注意到，人们在生煤球炉时常把一只铁皮的拔火罐竖直放在炉口上，而大型的锅炉更少不了一个又高又大的烟囱。这是为什么呢？原来，长管具有空吸作用，它能加快烟和热空气上升的速度，使炉内空气的流动加快，使炉火变旺。

水往低处流，长管也能使水向下流动的速度加快。取一只漏斗和一根30～40厘米长的橡皮管，管的内径应比漏斗口的外径略微大一点。先把漏斗单独放在自来水龙头下接水，缓慢增大自来水龙头的出水，直到漏斗来不及出水，水开始从漏斗上沿溢出时为止。

现在，把橡皮管套在漏斗的出水口上，再去接水，你会发现漏斗的漏水速度明显加快，水不会再从漏斗上沿溢出了。此时，如果拔掉橡皮管，水又会从漏斗的上沿溢出。

有的自来水龙头出水口比较小，水一开大，出水口便水珠四溅，聪明的主人就在出水口外套上一段橡皮管，使出水变得流畅。

知识延伸：

利用橡皮管还可做一个有趣的实验。

取一个1000毫升的大烧杯，盛满水，放在桌子上。找一根1米左右长的橡皮管，先在橡皮管内灌满水，然后把左手捏住的一头插入烧杯内，并在烧杯上方扶住管子，右手迅速移到离另一管口约30厘米处，并甩动这段橡皮管，使它在自己的头部上方作水平转动。这时你会看到，水不断地从橡皮管中甩出，烧杯中的水不一会儿就被抽干了。用这个简单的小水泵给草坪、菜地浇水，效果还蛮不错的呢。

肥皂炮仗

操作难度：★★

实验方法：

欢度新春佳节，人们都爱燃放鞭炮烟火。可你是否知道，还有一种比火药炮仗更响更安全的肥皂炮仗呢？

取一个用过的快餐盒（或用石蜡浸过的纸盒），剪去盒盖。在盒内倒入60～80毫升用洗衣粉或肥皂配制成的肥皂水。将电石气和氧气同时通入肥皂水中。其中氧气可通过对高锰酸钾和二氧化锰混合物加热分解制得，电石气可用电石加水制得。当充起的肥皂泡足够大、足够多时，移出两支导气管，用点燃的棒香靠近盒内鼓起的肥皂泡，顿时会响起一串急促、猛烈的爆炸声。请放心，这肥皂炮仗虽然响声惊人，威力极大，可绝对没有丝毫的危险性。

如果说这是一串连珠炮，那么下面我们制造的可就是单响的大炮仗了。在肥皂水中加入8～10毫升甘油和4～6滴氨水，增大肥皂水的表面张力，使吹出的肥皂泡牢度大，不易破。

取一个能吹到足球大小的气球，一段1尺左右长的橡皮管，一支圆珠笔的笔杆。把笔杆塞进橡皮管的一端，再把气球口套在插有圆珠笔杆的那端橡皮管外，用线扎紧，使之既能通过橡皮管对气球充气，又不会在这一端漏气。

在橡皮管的另一端按5:2（体积之比）的比例向气球里先后充入氧气和电石气，直到气球胀得和足球差不多大。充气完毕后用弹簧夹将橡皮管夹紧。

将橡皮管管口浸入肥皂水中，使管口沾上一点肥皂液，然后缓缓松开弹簧夹，用气球内的混合气体吹大肥皂泡。当管口的肥皂泡胀到乒乓球大小时，压紧弹簧夹停止充气。用嘴吹气或扇动空气可使肥皂泡脱离管口，在空中飘浮并慢慢下沉。这时用点燃的棒香接近肥皂泡，肥皂泡就会爆炸，并发出震耳的响声。

知识延伸：

任何可燃气体与氧气混合所充起的肥皂泡遇上火星都会爆炸，唯独电石气和氧气混合所充起的肥皂泡具有无可比拟的爆炸威力，但是又很安全。

复印图片

操作难度：★★

实验方法：

你如果看到印刷品上的图片很好，想复制在自己的本子上，只要按照下面的方法做即可。

去卫生室要一点松节油。将松节油1份加入水4份混合，再加入一小勺洗涤剂。用一支筷子不停地搅拌，直到洗涤剂完全溶解在溶液中，这时溶液就呈乳胶状。

取一张报纸上的照片，先将配好的溶液均匀地涂在照片上，将照片湿润。再取一张白纸，把它盖在照片上，然后用汤勺使劲地摩擦白纸。最后将白纸取下，这时就可以看到报纸上的照片已经印到纸上了。不过复印出的照片图案是反的。

知识延伸：

松节油和洗涤剂混合，产生了一种感光乳胶，会浸入到干燥的油墨染料和油脂之中，使其重新液化。不过这种混合液只能化解报纸上的油墨。杂志上的彩色图片，因含有过多油彩，很难化解。

水制密信

操作难度：★★

实验方法：

如果你有些信息不希望公开。那么可以用这种方法传递信息。

将一张白纸浸入水中，取出后放在一块玻璃板上，或是平滑、质地坚硬的桌面上。再取一张白纸盖在浸湿的白纸上面。然后用一支不出水的圆珠笔在白纸上写出你要写的内容。将纸晒干，字迹就会消失得无影无踪。

读信的人只要将白纸浸透,字迹又出现了。

知识延伸:

这种方法是应用挤压原理,使纸张纤维结构发生变化。当纸又被浸湿后,写过字的地方与没有写过字的地方,对光的反射是不一样的。因此读信人可以清晰、方便地阅读纸上的文字和信息。

大气压强的威力

操作难度:★★

实验方法:

地球上的每一个人,每时每刻都受着大气压强的作用。在你的大拇指指甲那么大小的一块面积上,就受到1千克力左右的压力。以此推算,一个小学中、高年级学生身上就承受着大约1万千克力的压力!由于习以为常,人们并不感到"身受压迫"。有的同学甚至还怀疑,这大气压强是否真的存在。

好,就让我们做一个小实验,来证实大气压强的存在,显示一下它的威力。找一只空的易拉罐,取一张长20厘米、宽8厘米的纸,对折2次,叠成一条2厘米宽、20厘米长、4层厚的纸带。把纸带箍在易拉罐的中部。纸带两端多余部分紧捏在一起,作"把手"。

实验时,只需捏紧把手,便能方便地把易拉罐提起或倒过来。好,现在松开纸带,放在一边备用。

准备好一大盆清洁的冷水。在易拉罐中加5毫升左右的清水,然后把它放在煤气灶或酒精灯上,用旺火把罐内的水烧开,并继续烧一会儿。等罐内的水几乎烧尽时,套上纸带捏紧把手,迅速将易拉罐提起,并立即倒扣在准备好的冷水盆中。注意,一定要将易拉罐的开口全部浸没在冷水中。说时迟,那时快,只听见"啪"的一声响,你手中的易拉罐已经瘪掉了。

是什么力量把一个外形完好无损的易拉罐压瘪了呢?是大气压力。未加热时,易拉罐内外都有空气,罐壁两侧所受的大气压力大小相等、方向相反，互相抵消了，易拉罐不会变形。而罐内的水烧开后，罐中充满了水蒸气，把大部分空气挤出了易拉罐。当你迅速把易拉罐倒扣在水中时，易拉罐的开口处被水堵住了，外面的空气进不来。而水蒸气因温度下降，重新凝聚成水。由于水的体积比水蒸气的体积小得多，易拉罐内形成了接近真空的低压状态。但易拉罐外面仍保持为1个大气压的压强，罐壁内外的压力差突然增大，易拉罐就被压瘪了。

知识延伸：

当你做完这个实验，深信大气压强确实存在后，自然会问：既然人体承受着如此巨大的大气压力，为什么人没有被压瘪呢？

原来，人不停地在进行呼吸，吸进肺里的空气，以及胸腔、腹腔中的气体都有1个大气压的压强，可抵消外部大气对人体这些部位的压力。此外，人体的70%是水，而水是一种几乎不可压缩的液体，所以人就不怕大气层的重压。

相反，当周围的大气压强突然骤减时，人还会有生命危险。当飞机或飞船进入20千米以上的高空时，如果封闭的机舱突然破裂或漏气，即发生所谓"爆炸减压"时，人就会由于体内气体急剧膨胀而危及生命。宇航员登月时必须穿着宇航服，就是因为这种服装不仅具有提供氧气、调节温度、抵御宇宙射线等功能，还起着使人与外界完全隔绝，保持宇航服内具有一定气压的重要作用。

半球实验

操作难度： ★★

实验方法：

1654年5月8日，德国科学家、马德堡市市长奥托·格里克当众做了一个轰动世界的实验。他定做了两个能够完全吻合的、直径30多厘米的铜半球。每个半球上都装有两个环，环上穿着绳子，绳子缚在马具上。每个半球都连着8匹高头大马。他先把两个半球合在一起，用抽气筒把球里的空气抽掉，然后下令向两个相反的方向驱赶马队。结果，16匹马用了很大的力气也没能把这两个半球拉开。直到16匹马在人们的用力抽打下，竭尽了全力才把这两个半球拉开。拉开的时候发出了很响的声音，像放炮一样。这就是举世闻名的"马德堡半球实验"，它生动地告诉人们，空气压强不但存在，而且还大得惊人。

其实，不用抽气筒也能做马德堡半球实验。取两只空的广口瓶，在其中一只的瓶口上涂一薄层凡士林，再把另一只瓶倒扣到这只瓶子的瓶口上，使它们吻合在一起。然后，两手各握一只瓶子，稍一用力，即可把它们分开。

现在，将这两只广口瓶开口向上放在桌子上。剪一块3厘米宽、8厘米长的卫生纸，往纸上滴8~10滴酒精。点燃卫生纸，并迅速把它放入瓶口涂有凡士林的那只瓶中。在瓶内的卫生纸即将烧完的时候，把另一只瓶再次倒扣到这只瓶上，使两个瓶口吻合在一起。待冷却后，你会发现，即使用很大的劲，也难以将它们拉开。因为合在一起的两只广口瓶内虽然不是真空，但里面气体的压强要比外界大气压强小得多了。

从眼药水瓶底部取一个大橡皮帽。从废自行车内胎上剪一条宽5毫米、长20毫米的小橡皮条。用补自行车内胎的胶水把橡皮条的两头粘到橡皮帽顶部。

注意，涂胶水前，应先用木锉或砂纸把橡皮条的两头和橡皮帽上准备粘橡皮条的部位打磨好，以增强胶水的黏合作用。黏合的面积要稍大一些，黏合后用手指把黏合部位用力压一压，以防脱胶。再取一块玻璃片，放入水中浸湿后取出。用大拇指按着橡皮帽顶部，把橡皮帽压到玻璃片上，松开手指，橡皮帽便被"吸"在玻璃片上了。

现在，请你用右手握住玻璃片，用左手往橡皮条中间挂砝码，一个接一个，已经500克重了，橡皮帽仍然不会掉下来。

知识延伸：

目前，市场上出售的各种带有"吸盘"的挂物钩都是利用这一实验原理制成的。是大气压强把吸盘"钉"在镜子或其他光滑表面上，使它们能承受较大的拉力而不脱开。

巧取硬币

操作难度：★★

实验方法：

在一只底部平坦的瓷盘中央，放一枚1分的硬币。再往瓷盘中缓缓倒入清水，直到水面刚能淹没硬币的上表面为止。现在，请你用手指把此硬币从水中取出来，但手指不能碰水，水也不能离开瓷盘。你能行吗？

其实，这事并不难办到。取一只干燥的玻璃杯，杯口向上放在桌面上。点燃一张长6～8厘米、宽约3厘米的纸片，并把它放入杯中。在纸片即将烧完时，手握杯子底部，迅速将玻璃杯倒扣在瓷盘中。随着"嘶"的一声，盘里的水一下子都被吸到玻璃杯中，硬币则完全暴露在空气中，此时你便可轻而易举地把它拿到手了。不仅手指没碰到水，而且水也没离开瓷盘。

水怎么会乖乖地集中到杯子里去的呢？这是大气压强在起作用。纸片燃烧后，杯子里空气的压强远小于外界大气压强，杯口周围的水一下子被压到了玻璃杯中。

做完这个实验，你可能会想，如果容器中的水很多，这个办法显然就不适用了。那时该怎么办呢？

桌上放着一只玻璃烧杯和一根细玻璃棒，玻璃棒的长度比烧杯的深度短1厘米左右。往烧杯中倒入清水，到水面比杯口略低时为止。取一个塑料瓶盖，开口向下放入水中，放掉大部分空气后，瓶盖便沉到杯底。仍然不允许手指浸入水中，你能设法将瓶盖从杯底取出吗？

其实这也不难。手持玻璃棒一端，把另一端插到瓶盖上方1.5厘米处。然后，让玻璃棒在水中缓缓打转，使瓶盖上方的水也跟着旋转起来。逐渐加快玻璃棒的转动，你便可看到原来躺在杯底的瓶盖徐徐向上升了起来。此时，你应一边减小玻璃棒深入水中的深度，一边加快瓶盖上方的水的旋转，"引导"瓶盖继续上升，直至盖顶露出水面时，用左手的拇指和食指把它捏住，取出水面。

旋转塑料瓶盖上方的水，沉在杯底的瓶盖为什么会浮起来呢？

知识延伸：

液体和气体一样，流动越快，压强越小。当玻璃棒在瓶盖上方打转时，盖子上面的水由静止变为运动，对盖子的压强随之减小。但盖子下面的水依然静止不动，对盖子的压强保持不变。随着盖子上方的水旋转加快，水对盖子向下的压力不断减小，瓶盖便慢慢浮了起来。直升机就是利用这一原理飞上蓝天的。

神奇的纽扣

操作难度：★★

实验方法：

这是一个很好做、很有趣的小实验。准备好一粒衬衫上用的扣子。然后将碳酸饮料（含 CO_2）倒入一只玻璃杯中。再将纽扣放入杯子，纽扣立即沉到杯底。

过2分钟，向扣子轻轻地说："来吧，来吧！快起来吧！"扣子慢慢地就从杯底浮到了水中。

不一会儿再说："好了，你回去吧。"扣子马上又听话似的回到了杯底。多么神奇啊！

知识延伸：

其实用任何轻小的东西都可以做成这个实验。当扣子沉到杯底时，二氧化碳的气泡马上在扣子上聚集，当二氧化碳气泡在水中的浮力大于扣子的重力时，扣子就会慢慢浮上水面，到了水面，二氧化碳气泡逐渐走到空气中了，当扣子的重量大于浮力时，就又沉到杯底。因为饮料中含有大量的二氧化碳气，扣子回到杯底后，又会有二氧化碳气泡聚集其上，于是上面的现象又一次出现。直到二氧化碳气基本跑完为止。

要想使实验效果好，就要反复地做，掌握好扣子上下的时间。这一点很重要。

牛顿摇篮

操作难度：★★

实验方法：

做一个牛顿摇篮需要：一个鞋盒，五个有穿孔的玻璃球或钢球，两支铅笔，线和火柴梗。

剪五根30厘米长的线，每根线中间缚上一小段火柴梗。把线的两头同时穿过玻璃球的孔，使玻璃球紧靠火柴梗，并且把两根线在玻璃球上面打个结，这样，就把玻璃球固定在火柴梗和线结之间。

把五个球的各两根线，分别系在两支铅笔上，使每支铅笔上的五根线互相平行，球与球之间刚好互相接触。为了使线固定在一定的位置上，在铅笔上系线的地方，用小刀刻一个小缺口，然后再把线系在缺口中间。

把鞋盒切成两半，在两边相同位置各剪两个缺口，两个缺口相距10厘米，把两支铅笔架在纸盒的缺口上。这就是"牛顿摇篮"。

如果把任何一边的第一个球向外拉起，放手让它自由地摆回，你就能看到一个奇怪的现象：当这个球撞击到和它相邻的那个球时，它一动也不动了，而另外一边的第一个球却弹了出去。当那个球摆回时，这一边的第一个球又弹出去。于是，这排球的两个边球一来一往地轮流弹起来，摆动越来越小，最后停止下来。

在这个装置中，中间的三个球始终不动，好像没有用似的。其实它们是传递力的。第一个球摇摆回来产生的力，通过它们一个一个往前传，由于最边的球的外侧没有阻挡物，所以就弹了出去。

知识延伸：

弹球、克郎棋等许多游戏都是利用这个原理。你还可以试试，把两边的边球同时拉起来,放手后,会发生怎样的情形?把一边的一、二两个球一起拉起来,让它们摆回去,又是怎样的情形呢?

酒瓶吞鸡蛋

操作难度: ★★

实验方法:

挑一只稍小一点的鸡蛋,煮熟后放入冷水中浸一会儿,再剥去蛋壳,放在碗内备用。取一只空啤酒瓶,竖直放在桌子上。再裁一张1厘米宽、6~8厘米长的纸条。用火柴点燃纸条的一端,并把它塞入瓶内,然后迅速将碗里剥好的鸡蛋小头朝下立在瓶口上。随着瓶内火焰熄灭,白烟升起,只听"噗"的一声,鸡蛋被吞进啤酒瓶的肚子里了。惊奇之余你还可发现,掉在瓶底的鸡蛋远不是想象的那样粉身碎骨。

知识延伸:

由于纸条在瓶内燃烧,使得瓶内气体的压强远小于外界的大气压强。

立在瓶口的熟鸡蛋便受到了从四周指向瓶内的大气压力作用,煮熟了的鸡蛋具有一定的弹性,于是就被压进了瓶内。

还可做一个显示大气压强作用的小实验。取一只干净的空汽水瓶,灌满冷开水,用一根麦秆或塑料吸管,你便可轻易地将水吸入嘴中。现在,用一只中间穿有一根细玻璃管的橡皮塞,把盛满冷开水的汽水瓶口塞紧,使橡皮塞与细玻璃管及瓶口之间都不漏气。请你再用嘴吸玻璃管,还能把水吸上来吗?为什么?

人工造云

操作难度：★★

实验方法：

天上的白云是由许许多多的小水滴集聚在一起形成的。你想不想自己动手制造一团白云呢？

取一只带橡皮瓶塞的医用生理盐水瓶，一只打气筒和一根给篮球打气时用的打气针头。打开瓶塞，往瓶内倒 2 毫升清水。用打气针头刺穿橡皮塞，然后把插着针头的橡皮塞紧紧塞住瓶口。再把打气筒的皮管口接到针头的衔接口上。左手按住盐水瓶，右手握着针头和皮管口，请一位同学帮你用打气筒往瓶内打气，打 3 下就足够了。打完后迅速拔出橡皮塞。只听"嘭"的一声，你和同学可能被吓一大跳。不过请放心，绝对安全。等你们定下神来，再仔细看看瓶内，瞧，一团白云在瓶内形成了。

知识延伸：

往瓶内打气时，瓶内气体压强增大，温度升高且含有较多的水蒸气。迅速打开瓶塞使瓶内气体突然膨胀，温度急骤下降，留在瓶内的水蒸气便凝结成许许多多的小水滴，正是这些小水滴聚集成了一团白色烟雾。

红日和蓝天

操作难度：★★

实验方法：

宇航员在航天飞机上看到的天空始终是漆黑一片，没有白天和黑夜的区别，太阳就像挂在黑色天幕上的一个通红的大火球。我们虽然没机会上天，却能在一间干净的暗室里看到这一现象。

取一支手电筒，用一张圆形黑纸遮住发光玻璃的表面，别让它漏出一点光来。用刀尖在此圆形黑纸的中央，开一个直径为 5 毫米的圆孔。合上手电筒的开关，让一束光线从小孔中射出，照在贴在墙上的一张黑纸上。你站在手电筒射出的光束侧面，能看到黑纸上有一圆形的亮斑，却看不见照亮它的光束。暗室中除了这一亮斑，四周依然是一片漆黑。

生活在地球表面的人们看到的蓝天和红日又是怎么回事呢？我们还是在暗室中通过实验来观察一下吧。

取一台书写投影仪，用一张大的黑纸遮住投影仪的发光玻璃面，使其不漏光。取一个玻璃量筒，越长越好。在量筒内倒满凉开水，再滴入 6～8 滴鲜牛奶，用玻璃棒搅匀。用剪刀在遮投影仪的黑纸中央开一个直径和量筒内径相同的圆孔，并把量筒置于这一圆孔上。打开投影仪的开关，让投影仪发出的光从量筒底部照亮量筒内的稀薄牛奶溶液。

此时，若从上往下俯视量筒内的溶液，你会看到它是橙色的；而在量筒侧面观察，便看到这溶液呈浅蓝色。

显然，射入稀牛奶溶液中的一束白光，从不同的角度看去颜色是截然不同的。如果把投影仪中的白炽灯当作太阳，量筒中的溶液当作大气层中的空气，你就不难明白怎样才可看到蓝天和红日。

知识延伸：

有兴趣的同学还可再做一个实验。把量筒换成一个 1000 毫升的大烧杯，并盛满清水。换一张遮住投影仪发光玻璃面的黑纸，并在黑纸中央开一个直径 5 厘米左右的圆孔。在玻璃烧杯内的清水中滴入 3～5 滴红药水，用玻璃棒搅匀，再将烧杯置于黑纸的圆孔上。打开投影仪开关，便可见烧杯中有一圆形的光柱。俯视时，光柱是红色的；而侧视时，光柱却呈绿色。

会预报天气的图画

操作难度：★★

实验方法：

关节炎患者经常对别人说"这几天又要变天了"，也就是说天要下雨了。为什么得了关节炎的人能知道天要下雨呢？原来，晴天时，空气很干燥，湿度小；快要下雨的时候，空气中的湿度变大，会引起病人的关节痛，于是关节炎病人就知道什么时候要变天了。

但是对于一个健康的人来说，除了气象预报外，他要知道什么时候天晴，什么时候下雨，或者说，现在空气中的湿度是大，还是小，除了凭感觉以外，还可以有什么办法呢？

有一种既简便，又有趣的办法，那就是制作一种气候图片。找一张吸水性比较好的白纸，在纸的下半部用水彩画出绿色的草原。再用另一支毛笔把1M氯化钴溶液均匀地涂刷在白纸的上半部，然后把这张图放在炉火上烘烤，或者把它放在酒精灯火焰上微热，直到纸的上半部变成蓝色为止，如果蓝色不深，可以再涂刷和烘烤几次。这时，你所画的气候图片就变成了蔚蓝色的天空下展示出一片茫茫的大草原。这蔚蓝色的天空就是无水氯化钴（$CoCl_2$）显示出来的颜色。

每当空气中的湿度增大到一定程度时，蓝色的 $CoCl_2$ 就会吸水转变成玫瑰色的 $CoCl_2·6H_2O$，气候图片上蔚蓝色的天空也就变成粉红色了，它警告我们，空气中的湿度增大了，或者说，可能要下雨。等到天气变晴，空气中的湿度减少了，我们又能看到茫茫的大草原上无边无际的蓝天了。

知识延伸：

动物预报天气法：

【青蛙预报天气】春夏季节，青蛙叫声大而密，预示不久就会下雨。谚语说："蛤蟆大声叫，必有大雨到"。

【鸡预报天气】下雨前,气压较低,湿度较大,昆虫贴着地面飞,鸡要觅虫食,再加上笼里闷,鸡不愿进笼。俗话说:"鸡愁雨,鸭愁风"。

【蚂蚁预报天气】蚂蚁成群出洞,预示大雨将临,俗话说:"蚂蚁成群,明天勿晴"。

【蜘蛛预报天气】阴雨天,如气压上升,湿度减小,昆虫高飞,蜘蛛便张网捕捉,预示天气将转晴。反之,蜘蛛收网,预示将下雨。

【白蚁预报天气】春夏季节,每当天气闷热时,白蚁就飞出洞外活动。傍晚天黑时不认识回洞地路,就向灯光处猛扑,这就预告一二天内将会下大雨。

自制晴雨计

操作难度:★★

实验方法:

天气的变化与大气压的变化有着密切的关系。一般情况下,气压稳定且缓缓上升时,说明天气要转晴。反之如果气压持续下降,就意味着天气从晴朗向阴雨转变。我们制作一个简易的气压计,就可以预测天气的晴雨变化,所以给这个仪器起名叫做晴雨计。

取一个墨水瓶(其他瓶子也可),一根长20厘米的细玻璃管,一块硬纸板或是一块木板,一个软木塞(塞在玻璃瓶上用),食用油少许,两根质量好的皮筋。

将玻璃管两端的断口处,用细砂纸打磨,也可以用小钢挫把断口处磨光滑,目的是防止割破手指。

向玻璃管内滴入一滴食用油,然后将玻璃管插入软木塞,再将软木塞紧紧地塞入墨水瓶中。

在一张白纸上,画出14厘米的刻度,刻度可以按直尺或三角板上的刻度画(包括厘米和毫米线)。将画好刻度的白纸贴在木板或是硬纸卡上。

将皮筋分别在细玻璃管的两端缠一圈,然后再固定在木板上或者硬纸卡上，这样晴雨计就制好了。

知识延伸：

当外界的大气压升高时，瓶内气压小于外界大气压强，玻璃管内的油会下移；当外界大气压强下降时，瓶内气压大于外界的大气压强，油滴会上移。根据油滴上下移动的位置，即可以了解大气压强的变化，做出天气将要变阴还是转晴的判断。

注意：

1. 晴雨计要放在温度比较稳定的地方（如地下室）。否则，温度的变化，会影响气压的变化，使观测不准确。

2. 为了减少墨水瓶内空气热胀冷缩的影响，可在瓶中先加入适量的水，使瓶内只留下少量的空气。

3. 软木塞与玻璃管、墨水瓶口之间要密封，不应有漏气的地方，可以用火漆或者石蜡密封，也可以将我们平时照明用的蜡烛熔化后滴在需要密封处。

4. 可以反复观察天气的变化与晴雨计的变化情况，必要时，可以做一下记录。

卫生球"再生"

操作难度： ★★

实验方法：

取一支大试管，注入10毫升酒精，用热水温热。然后往温热的酒精里加卫生球粉末，直到粉末不能再溶解为止。这个溶液叫"饱和深液"。把试管放在盛有热水的烧杯中，并且用温度计测量此水温，如果水温始终保持不变（加热使其保持恒温），就可以进行实验。另取一个卫生球，将其去掉火柴头大的一块，用线系好，悬入已经制好的饱和深液里。过一段时间取出卫生球。这样，原先去掉的部分就会自动地补上了。

知识延伸：

为什么去掉的部分会"再生"出来呢？因为固体物质放入溶剂中，溶解了的分子或离子，在溶液中不断地运动着，当它们和固体表面碰撞时，就有停留在表面上的可能，形成与溶解相反的过程——淀积过程。溶液的浓度越大淀积的作用越显著。固体在饱和溶液中，在单位时间内溶解到溶液里去的分子或离子数，和淀积到表面上的分子或离子数相等。因此，悬在饱和溶液中的卫生球，就处在不断的溶解和淀积过程中，外形逐渐变得圆滑，卫生球去掉的部分就像是被补上了一样。

隐显墨水

操作难度：★★

实验方法：

如果你想要用一种最简单的方法写一封"密信"，你最好使用氯化钴制成的隐显墨水。

先配一小瓶0.1M氯化钴溶液，然后用蘸水钢笔或毛笔在吸水性较好的白纸上写好"密信"。氯化钴的稀溶液是浅粉红色的，所以把0.1M氯化钴溶液写在纸上，等纸干了以后，几乎看不出纸上有什么颜色。

现在你就可以把这封"密信"寄给你的朋友了，当然信封不能用隐显墨水写，你还是用蓝墨水写为好，否则这封信就寄不到了。

你的朋友收到信后，根据你们事先约定的方法，把信纸拿出来，放在火炉上烘烤，或者把信纸放在酒精灯火焰上微热一下，信纸上的 $CoCl_2 \cdot 6H_2O$ 即脱水变成蓝色的 $CoCl_2$，上面就显出蓝色的"密信"。

你的朋友在看完信以后，只要往信纸上喷一点水雾，信纸上的蓝字又会消失，仍然可以使信的内容保密起来。

知识延伸：

其实这是利用了氯化钴溶液的化学性质，并没有什么神秘的！

除去墨水痕迹

操作难度：★★

实验方法：

如果你不小心将红、蓝墨水，红、蓝色圆珠笔油或盖图章用的红、蓝色印油沾在衣服上，是很难用肥皂或洗衣粉洗净的。这时可以用酸性高锰酸钾溶液除去这一类污迹。

高锰酸钾是家庭中常用的消毒剂，很容易从药店里买到。用时须把它配成0.1M溶液（重量百分浓度约为2%），还要在溶液里加硫酸，这样便配成了酸性高锰酸钾溶液（每10毫升高锰酸钾溶液加几滴浓硫酸）。然后把酸性高锰酸钾溶液滴在污迹处，红蓝墨水等污迹就会消失。

为什么高锰酸钾溶液能褪色呢？因为红、蓝墨水，印油和圆珠笔油都是用染料配成的，而红、蓝色染料都是有机化合物，容易被高锰酸钾氧化，变成无色的物质。

在红、蓝墨水等污迹消失以后，上面会留下过剩的高锰酸钾溶液，它是紫色的。如果不把它除掉，则会在衣服上造成新的污迹。除去高锰酸钾的办法是在上面滴几滴3%过氧化氢溶液（可用医用的双氧水），它具有还原性，能把紫色的高锰酸钾还原为无色的硫酸锰：

$2KMnO_4 + 5H_2O_2 + 3H_2SO_4 = K_2SO_4 + 2MnSO_4 + 5O_2\uparrow + 8H_2O$

最后，在衣服上的污迹被除去以后，还要用清水把衣服洗一下，以除去衣服上残留的化学药品。

知识延伸：

这个方法也可以用来除去纸上的红、蓝墨水等污迹，但不适合于除去衣服上和纸上的蓝黑墨水的污迹。因为蓝黑墨水的污迹中除了含有蓝色染料以外，还有三价铁盐，它不能与高锰酸钾发生反应，而要用亚硫酸钠等具有还原性的物质把它除去。

自制酸奶

操作难度：★★★

实验方法：

吃过酸奶的人都知道，芬芳扑鼻的酸奶不仅味道甜美，营养又十分丰富，很容易被消化吸收，是男女老幼都喜爱的营养食品。

我们自己能不能做酸奶呢？能！方法也很简单，你可以试一试。

1. 用鲜奶做酸奶。

把一瓶（250克）鲜奶放入小奶锅，加入一两匙白糖，煮开以后，盖上锅盖，凉到35℃左右（即不烫手），把这温奶倒入一个预先准备好的、并用开水烫洗过的、洁净带盖的容器（饮水杯、茶杯、茶缸、罐头瓶等）里。

然后加入两三匙买来的酸奶作为菌种，而且搅匀后盖严实。用毛巾或棉絮把容器包起来，放在30℃的环境中（暖气片旁边或炉灶旁边）发酵。一般情况下发酵8个小时，奶汁便凝固并产生酸香味。这时候酸奶就做成了。你可以把它放进冰箱或冷水中冷却，吃起来就更加可口了。

2. 用奶粉做酸奶。

在缺少鲜奶的地方，也可以用奶粉来做酸奶。取50克全脂奶粉，加24克白糖，用500克水调成甜奶汁。煮开以后，取下奶锅，盖上盖，凉到不烫手的时候，就可以倒入准备好的干净容器里，加入两三匙酸奶作为菌种。发酵时间也是8小时左右。

用含糖的速溶全脂奶粉做酸奶，奶粉用量要多一些，糖量要少一些，其他过程完全一样。

请你注意：不管是用哪种方法做酸奶，自制的酸奶也可以当作菌种。不过连续使用两三次后，就需要换用买来的酸奶作菌种了。

为什么要换用菌种呢？因为买来的酸奶里加进了人工培养的"保加利亚乳酸细菌"的纯菌种。这种菌在奶里生长繁殖的时候，能够把奶里的乳糖变成乳酸而使奶产生酸味；它还能够把奶里的蛋白质分解成各种氨基酸而使奶产生芬芳滋味，从而提高了奶的营养价值。这样，做成的酸奶里就繁殖了大量的乳酸细菌，可以用来当作菌种。但是在自制酸奶的过程中，由于消毒灭菌不严格，难免带进杂菌。经过一次又一次接种，杂菌量会不断增加，所以为了保证自制酸奶的质量，必须换用纯菌种。

知识延伸：

据说酸奶最早起源于保加利亚。过去保加利亚有许多游牧的色雷斯人，他们常常把灌满羊奶的皮囊背在身上。由于体温的作用，奶常常变成为豆腐脑状。如果把少量发酸的奶倒入煮过的奶中，它就会"传染"给新鲜的奶，使煮过的奶也全部变酸。

开始，人们都不敢喝这些酸奶。后来，胆大的人尝了尝，发现酸奶不但能喝，而且味道还不错。于是他们就不断地寻找加工酸奶的新方法：有的在奶中加酸面包，有的在奶中加带酸味的野生植物使奶变酸。这就是最早人工制造的酸奶。

1784年，有两个土耳其人把保加利亚的酸奶传到美国，后来又传到欧洲。但是因为酸味太浓，甜味不足，所以长期没受到人们的重视。

20世纪初，俄国科学家伊·缅奇尼科夫在研究人类长寿问题时发现：人的大肠内非常适合腐败细菌的生存，而腐败细菌正是造成人类早衰、减寿的重要原因。为了对付这种细菌，他曾调查过许多国家老人的长寿情况。在保加利亚，他发现每1000名死者中就有4名百岁以上的老人。而他们生前都喜爱吃酸奶。后来，他在保加利亚的酸奶中发现一种细菌，它能有效地消灭大肠内的腐败细菌。他就把这种细菌叫做"保加利亚乳酸细菌"。

西班牙商人伊萨克·卡拉索知道了这个秘密以后，就设法从保加利亚和德国巴斯德学院买来了菌种，开始生产酸奶。并且还作为长寿药在药房出售。

第二次世界大战爆发以后，卡拉索又在美国建立了一家酸奶厂，开始把酸奶作为食品公开出售。因为酸奶的味道酸甜可口，爱吃的人越来越多，渐渐成了一种大众化食品了。

公元6世纪出版的我国古农书《齐民要术》中，也详细记载了用羊奶或牛奶制酸奶的方法。并且已经认识到用酸奶接种鲜奶即可制成，这和今天我们用的方法很相像。当时还认识到温度对制酸奶是个很重要的因素。只不过后来没有进一步研究推广。

自己做泡菜

操作难度：★★★

实验方法：

假如你吃过泡菜的话，一定忘不了它那鲜艳水灵的色彩，香脆而咸辣、酸而不涩的味道吧？的确，泡菜是我国人民爱吃而又经济实惠、容易制作的食品。

泡菜是酸菜的一种，新鲜蔬菜制成酸菜以后就不容易腐败，能保存很长时间。我国人民食用酸菜的历史有几千年了。

怎样做泡菜呢？不妨按下面的方法试试看。成功了，你就可以吃到自己亲手做的泡菜了。

最好到商店里去买一个泡菜坛。如果买不到，也可以用小口的坛子或大玻璃瓶。当然，容器得洗得干干净净，尤其不能有碱和油，把刚烧开的水灌进坛内，直到坛子的2/3（如果是玻璃瓶，就应该灌凉开水）。再放进食盐（每500克水加50克盐就行了）和一匙白糖，让它们溶化在水中。等到水凉了，再加进洗干净的带皮的萝卜条，把容器盖上。如果是泡菜坛，不要忘记在口沿里加上水。两三天以后，夹出一块萝卜条来尝尝，如果酸了，这坛子泡菜卤就算做好了。如果还不酸，可以再加点糖进去，盖上盖子再等一两天。

做完了泡菜卤，就可以往里面加进你想吃的各种蔬菜了。如果你能吃辣，就放进几只辣椒，没有鲜的，干辣椒也可以。放点嫩姜和花椒进去，味道就会更好。从放进生菜到取出来吃，一般要两三天。天气热的时候，时间短些，天冷时就要长些。皮厚的菜时间长些，嫩菜泡的时间要短些，白菜叶子就更不能泡久了。不同的蔬菜也应该采取不同的加工方法，比如泡柿子椒，要先摘去柄和挖出籽，洗净凉干，再用牙签扎一些小洞；蒜苗洗净后要掐成小段；豇豆可以扎成捆。因为生菜上可能会有寄生虫卵，所以应该仔细洗干净以后再泡。

按照这种方法，可以泡一些，吃一些，常换菜。换一次菜，应该往里加一些盐。并注意取菜时用干净的筷子，取完以后赶紧盖上盖，泡菜卤就可以连续使用下去，而且泡出的菜越来越好吃。

知识延伸：

泡菜为什么会酸而带香味呢？假如取一滴泡菜卤放在显微镜下观察，可以看到像小木棍一样的细菌最多，还有一些卵圆形的细菌和个儿大得多的酵母菌。那种像小棍一样的，叫做乳酸细菌。它能把蔬菜里的糖、淀粉变成乳酸。泡菜的酸味，主要就是乳酸细菌的贡献。乳酸细菌还可以产生出乙醇和醋酸等化合物，这些化合物彼此起作用，会形成许多种有香味的物质，使泡菜带有特殊的香味。

乳酸细菌不大需要氧气，是一种微需氧微生物，所以坛子加盖之后跟外界空气隔绝了，照样生长得很好。在氧气不多的情况下，它能大量繁殖，使泡菜卤很快变酸了。其他有害的或使蔬菜腐败的细菌，在氧气很少又比较酸的环境下很难长起来，这就使泡菜成为贮存鲜菜的一种方法了。乳酸不仅能够保护蔬菜中的维生素，而且它本身就是对人体有益的一种物质。所以泡菜是一种既富于营养又很卫生的美味食品。

有时候泡卤上会浮起一层白膜，这是酵母菌长起来了。这时候的泡菜就不好吃了，在里面加点白酒，白膜可能就会消失，如果除不掉，这种卤就只好倒掉了。注意白酒不可加得太多，否则连酸细菌也会被消灭了。防止生白膜的好办法是勤加新鲜菜，因为新鲜菜加进去以后，坛子里的氧气能够较快地减少。

总之，泡菜的成败关键是能否让乳酸细菌大量生长起来。只要你掌握

好加进的糖量，控制好氧气量，并且严格消毒，不让别的细菌和油污混进去，你就可以连续不断地吃到亲手做的泡菜了。

米饭变甜酒

操作难度：★★★

实验方法：

你尝过米酒吗？你可以做一点甜米酒尝尝。

先蒸饭。最好用糯米（北方叫江米），如果没有糯米，也可以用粳米或小站米。把两斤糯米淘洗干净，用温水浸泡七八个小时，把泡软的米用清水漂洗几次（但不要用力搓）。然后捞出来，松散地铺在蒸锅的屉布上（就像蒸馒头一样），蒸半小时就熟了。这时候，把米饭放在一个干净的大盆里，用筷子把米饭挑松，晾凉。注意米饭不能结成团。如果太黏，可以适当洒点冷开水，再用筷子挑松。当米饭温度降到30℃左右的时候（即不烫手时），就可以拌酒药了。

副食品店里可以买到酒药。酒药是利用微生物学的方法从根霉菌中糖化能力最强的挑出来单独培养，再加上单独培养的酵母菌而制成的效力最强的纯种曲。买来的酒药，有的是装在小塑料袋中的粉末，有的是用大米压成的小块。如果是粉末，只要按说明使用就行；如果是小块，需要放在面板上轻轻地压碎，再用擀面棍擀成粉末。

把凉米饭从盆里移到事先准备好的一个干净的搪瓷盆或瓦盆里。这时候，铺一层米饭，撒一层酒药粉，再铺一层米饭，再撒一层酒药粉，直到将米饭拌完。接着用筷子把米饭按实一点，并在饭盆中央用筷子捅一个小坑。

然后，将预先留出来的四分之一的酒药粉，用一杯温开水把它搅匀，一边搅拌一边均匀地泼在米面。最后，把饭盆盖上盖，包裹起来放在温暖的地方进行发酵。

发酵的关键是适宜的温度。制酒的工人有句谚语叫做"人盖被子酒盖被，人盖毯子酒盖毛巾"。也就是说，冬天入睡觉要盖棉被，做米酒的饭盆也要包上棉絮。放在温暖的地方，两三天以后，在饭盆外面就可以闻到一股酒香味，米饭就变成甜酒了。夏天做甜米酒，发酵时间会缩短。

另外，所使用的用具，包括蒸饭锅、屉布、饭盆、筷子、面板、茶杯等，都必须干净，不要残留有盐、碱、酸、油类等物质。

这种甜米酒，有的地方叫醪糟，有的地方叫米酒，有的地方叫酒酿。它醇香可口、甜味极浓，因为它含有大量的葡萄糖、维生素，营养丰富，是我国传统的营养食品。

知识延伸：

用粮食酿酒，先得把粮食中的淀粉分解成葡萄糖（这叫糖化），再使葡萄糖发酵生成酒精（这叫酒精发酵）。我国酿酒跟西方各国所用的方法不同：我国是用"曲"酿酒，而西方是用麦芽和酵母菌。用曲酿酒的时候，因为曲中既有起糖化作用的霉菌，又有起酒精发酵作用的酵母菌，糖化和酒精发酵两个过程连续而又交叉地进行，粮食就变成酒了。这种酿酒方法叫做复式发酵法，酿成的酒香气浓郁，风味醇厚。不经过蒸馏的的就是甜酒，因为其中既有酒精，又有糖。

我国用霉菌酿制米酒的历史，有文字记载的，可以上推到公元前10世纪，当时国王喝的酒就是用米酿成的。东汉时曹操还向皇帝写过关于用米酿甜酒的报告。《齐民要术》中也详细记载了用米做甜酒的方法。到了宋代，用米酿酒的方法更多了，技术也更高明了。直到19世纪末，法国科学家研究了中国的酒曲，才知道用霉菌糖化淀粉制酒的技术。至今还沿用"淀粉发酵法"来生产酒精呢。

经过近代科学家、特别是我国微生物学工作者的研究，现在已经知道：制甜酒的曲主要含有根霉菌和酵母菌，根霉菌把淀粉变成糖，酵母菌则把糖发酵成酒精。因为我国制甜酒的历史很长，经过千百年来的选育，我国这类曲中的根霉菌有很强的糖化能力。

真菌的功过

操作难度：★★★

实验方法：

你自己动手，做个实验，来评价真菌的功劳和过失吧！那么，先做个发面小实验，看一下酵母菌的功劳。

称出面粉 100 克，放在一个小碗里，加一些水和成面团。把面团平分成 2 份。一份拌进适量的鲜酵母（也可用面肥，里面含有酵母菌）。然后，把这两团面再平分成两份，最后成 4 个面团（2 个有酵母菌，2 个没有酵母菌）。

找来四支试管，把四个面团都搓成比试管细、长短几乎相等的长条。把四个长条分别装进试管，用玻璃棒推到管底，再把长条的上端按平。最后用四层纱布把试管口包上。

用色笔在试管外壁画个记号，标出面团的长度，再用直尺量出面团的长度，记下来。

把加酵母的一支试管和没有加酵母的一支试管放在冷处，记下这里的温度。剩下的两支放在 25~30℃ 的地方，也记下温度。

15 分钟以后，你就可以看到：放在热处的，加了酵母的那支试管里面的面团开始伸长。每隔 15 分钟观察测量一次。而没加酵母的试管里的面团却没有变化。

面团为什么会伸长呢？这是因为酵母菌在里面得到了充分的营养，在合适的温度和湿度下，迅速地繁殖、生长。酵母菌在生长繁殖过程中，会产生大量的二氧化碳气体，因此使得面团体积增大，但是试管的粗细是固定的，面团只好向上伸长了。伸长的长度可间接地表示酵母菌生长繁殖的快慢。

那么，没有放酵母菌的面团为什么没有变化？再看看放在冷处的那两支试管的情况又怎样？你能解释清楚吗？

你掌握了用面团测量酵母生长繁殖的方法以后，还可以再做一个很有趣的试验。

1928年，俄国科学家托金发现洋葱会分泌一种能杀死酵母菌的物质，叫做植物杀菌素。现在，我们可以用和上面相似的试验来验证一下托金的发现。

同前面的试验一样，把两块混有酵母菌的面团放在试管里，在一支试管内加进一克洋葱碎糊（把洋葱切碎捣烂）。另一支试管不放洋葱，进行对照。

然后，标出记号，测量长度，记下来。

把两支试管都放在25～30℃的地方。经过15分钟、30分钟、45分钟、60分钟，分别量出面团的长度。结果发现不放洋葱碎糊的面团伸长了，而放进洋葱碎糊的面团长度没变。证明洋葱实有杀酵母菌的效力。

如果把洋葱换成大蒜、芥菜、辣椒、茴香、土豆、西红柿叶等等。结果会怎样？你还可以选用其他植物做一系列的实验，就可以知道哪些有杀菌作用，哪些没有杀菌作用了。

再做个小实验，看看霉菌的过失吧。

你切下一小片面包（馒头或米饭也行），把它蘸一下水，放在一个盘子里。过一两个小时后，水就蒸发掉一些。然后，用一个茶杯或小碗扣上，再把盘子放在温暖的地方（30℃左右）。过两三天，你打开茶杯就会看到，面包上面长出像棉花或蜘蛛网一样的丝状东西来。你把茶杯再扣上。再经过两三天，就可以看到，这些丝状东西的上面出现了各种不同颜色的粉末，可能是黑的、白的、绿的、黄的，甚至还有红的、蓝的等等。这些东西是什么呢？这就是霉菌。夏天的衣物发霉了，就是这些家伙捣的鬼。

霉菌不是用肉眼看不见吗？怎么一下子就在面包上看出来了呢？原来，面包上长的这些霉菌，不是单个的霉菌，而是集合在一起的几千几万个霉菌的群体，就好像是由许多树木组成的一片森林。这种霉菌的群体，科学上叫做菌落。那么菌落表面带色的粉末是什么东西呢？这就是它们用来繁殖后代的孢子。这些粉状颗粒就是由成千上万的孢子组成的。孢子成熟后，就在空气中到处漂浮，因为它们极小，所以我们平常并不觉察，也看不见它们。

为什么要先把面包片暴露一两个小时呢？就是为了让飘浮在空气中的孢子落到面包片上。当孢子得到面包里的营养、水分后，在适当的温度下，就开始繁殖了。

这些孢子一旦开始繁殖，繁殖速度之快，是任何一种大生物都比不过的。在适宜的环境里，真菌主要通过孢子分裂进行繁殖。一般情况下，一个真菌个体就会生成几千几万个孢子，有时候可达几百亿、几千亿或更多！这样两三天内就可以长出几百亿个孢子繁殖的菌丝群落。我们就可以用肉眼直接看见它们了。

知识延伸：

真菌包括酵母菌、霉菌和蕈类三部分。它和人的关系非常密切。用酵母菌发面还能做面包、馒头等。蕈类中的食用蕈，比如蘑菇、香菇、木耳、猴头、灵芝、茯苓等，不仅营养丰富，还可以用做药物。近年经过研究发现许多种真菌都含有抗癌物质，因而越来越引起人们的重视。另外，真菌在纺织、造纸、制革等工业中也发挥了不小的作用，这里就不细说了。

你不要以为真菌都对人有好处，它也有坏的一面。比如有少数酵母菌能使贮存的食物腐败，还有的能使人畜得病。霉菌对人的危害就更大了：粮食或饲料上面感染了霉菌后，就会使粮食变质；有些霉菌产生的毒素能致癌，或者引起人畜死亡。蕈类中也有些是有毒的，人畜误食了白毒伞、细网牛肝、蛤蟆菌等也会中毒。

在生产中，我们如果能仔细观察菌落的变化，常可从中得到许多有益的启示。因为不同种类的霉菌的菌落具有不同的特点：有的菌落大，有的小；有的边缘整齐，有的边缘锯齿状；有的表面光滑湿润，有的表面粗糙或形成皱褶；有的松散，有的紧密；有的像棉絮，有的像蛛网；有的是红色、黄色、绿色、黑色、蓝色、紫色等等，五彩缤纷，应有尽有。一个熟练的微生物工作者，能从长出的菌落上初步鉴别出是哪一类、哪一种霉菌。所以观察菌落在科研和生产中有极大的意义。

培养青霉菌

操作难度：★★★

实验方法：

日常生活中，人们常常跟各种霉菌打交道。有的霉菌给人带来好处，比如米曲霉、千万霉、青霉和根霉等等。有小部分霉菌能够引起人和动植物的病害，比如某些霉菌能使人长头癣、脚癣以及食物腐烂等等。

好，下面以青霉菌为例，了解一下简易的霉菌的培养方法。

把新鲜的橘子皮（如果是干橘子皮，先用水泡软，晾至半干）放在20~25℃的地方，最好是阴暗潮湿的地方。三五天后，你就可以发现橘子皮的内表面上长出许多小绒毛，这就是霉菌菌丝体。开始看到的是白色菌丝，过两天，这些白色菌丝的尖端变成了青绿色，这就是青霉菌，青绿色的粉末就是青霉菌的孢子。随着时间的延长，菌丝和孢子越来越多，整个橘子皮的内表面都长满了青霉菌。有时候，你还可以在橘子皮上看到红色、黄色、粉色或黑色等不同颜色的斑点。这是因为感染了其他霉菌的缘故。如果你要培养比较纯的青霉菌，就把第一次培养的橘子皮上的青霉菌，用一根牙签（或火柴棍）把它刮下来，抹到另一个新鲜的橘子皮上，进行第二次培养。这样经过两三次的纯化培养以后，橘子皮上长出来的就基本上都是青霉菌了。

知识延伸：

微生物学工作者培养霉菌，常用液体培养基。什么是培养基呢？简单说，就是用人工配制的适合微生物营养要求的混合物质。这个混合物质一般包括碳水化合物、含氮物质、矿物盐类和水等。现在，也顺便介绍一下液体培养基的配制方法：

把马铃薯削去皮，切成小碎块，称出200克放在1000毫升水里，煮半小时（煮开后用小火）。然后，用纱布把汤滤出来，再加进一些冷开水，使汤还变成1000毫升。最后在这1000毫升的马铃薯汤里加入20克白糖，这就做成了培养基。

寻找舌头的敏感部位

操作难度：★★

实验方法：

对着镜子伸出舌头，你可看到舌面上和舌的后部有许多叫味蕾的细小器官，人靠它来感觉味道。味觉和嗅觉一样，也是由缓慢的化学反应引起的。

味蕾通过味觉神经，将味觉信号传给大脑，使人产生味道的感觉。人有四种基本的味觉：甜、酸、苦、咸。分管这四种味觉的味蕾不均匀地分布在舌头的表面上，你不妨试验一下，以探明各种味蕾最集中的部位。

取白糖、食盐、醋和清咖啡粉各少许，再备一杯清水和一支干净的毛笔。在清水中浸湿毛笔，甩两下，然后蘸一点白糖去碰舌尖、舌的边沿和舌根部，你会感到有一个部位对甜味最敏感，就是舌尖。用清水反复漱口，洗净毛笔，再依次蘸食盐、醋和清咖啡粉进行试验，你会发现对酸味最敏感的是舌的边沿，对苦最敏感的部位在舌根，而舌头的各部分对咸味都较敏感。

显然，味蕾对各种味觉确有分工。但生活经验又告诉我们，它们的分工不是绝对的。实际情形要比上述试验复杂得多，有时一种味觉可以掩盖或抵消另一种或几种味觉。例如，糖的甜味能抵消柠檬的酸味。吃不惯辣的人，吃了一口又麻又辣的麻辣豆腐，辣得合不上嘴，接着吃别的菜，就感觉不出是啥味道了。

知识延伸：

其实，不仅舌头的各部位对味道的敏感程度不一样，人体各部位对触觉的敏感程度也是各不相同的。

取一根发夹，把它的两脚分开，使两脚顶端之间的距离为4厘米。轻触手臂上的皮肤。如果你闭上眼睛，你就根本无法感觉出究竟是用发夹的一个脚在触你呢，还是用两个脚同时在触你的皮肤。

另取一根发夹，捏紧两脚，使两脚顶端仅相距2毫米，用同样的方法在你的手指上试验。即使你闭上眼睛再扭过头去，你也能迅速而又准确地感觉出，是用发夹的一个脚还是两个脚在触你的手指心。

显然，人体上有的部位感觉很灵敏，例如手指，难怪人们常说"十指连心"呀。而有的部位感觉却很迟钝。手臂决不是人体上感觉最迟钝的部位。

你如果有兴趣，不妨用发夹这个简单的感觉测试仪来测试一下身体各部位的灵敏度，找出最敏感和最迟钝的部位来。

测皮肤的敏感度

操作难度：★★

实验方法：

我们在前面一个实验里就已经知道人体皮肤的感觉是不一样的。有的地方敏感，有的地方迟钝。下面我们就来实验测试出人体皮肤的敏感区域，并绘制成图，通过这个实验可以更好地了解自身的生理特点，注意保护自己的身体。

取一枚曲别针，将它展成一条直线，然后再从中点对折，使两个端点之间距离为1厘米。

在纸上先绘出人体的正面图，请你的同学或朋友配合你做实验。在你的实验者不看的情况下，用曲别针的两个端点同时按在他的前臂上，请他说出是一个尖还是两个尖。然后再将一个尖头按在他的皮肤上，请他说出感觉。

此后再改变两个端点之间的距离。重复前面的实验步骤。

在手指部位上，用距离只有1毫米的两个端点。做实验，重复上面的实验步骤，并将结果绘制在图上。最终你会得到一幅完整的人体敏感区域分布图。

知识延伸：

每个人的皮肤敏感度是不同的，所以通过这个实验，我们可以更好地了解自己的皮肤，保护自己的皮肤。